U0201255

核心閱讀

权五吉老师讲述的

神秘的植物故事

著：权五吉 图：朴钟镐 译：孟劲飞

中国大百科全书出版社

图书在版编目（CIP）数据
神秘的植物故事 /（韩）权五吉著；孟劲飞译. --北京：中国大百科全书出版社，2016.7
（神奇的生物故事）
ISBN 978-7-5000-9888-1

Ⅰ. ①神… Ⅱ. ①权… ②孟… Ⅲ. ①植物-少儿读物 Ⅳ. ①Q94-49

中国版本图书馆CIP数据核字(2016)第125676号

北京市版权局著作权登记号 图字：01-2016-3725

责任编辑：王 宇
责任印制：李宝丰

中国大百科全书出版社 出版发行
地 址：北京阜成门北大街17号
邮 编：100037 电 话：010-68315606
网 址：http://www.ecph.com.cn
印 刷：保定市正大印刷有限公司
开 本：16 印 张：12.25 字 数：123千
2016年7月第1版 2018年11月第3次印刷

ISBN 978-7-5000-9888-1 定 价：45.00元

序言 PREFACE

读书还是不读书，自古以来有不同的说法。

万般皆下品，唯有读书高；知识就是力量；读书改变命运；腹有诗书气自华……这是肯定的说法。

从来名士皆耽酒，自古英雄不读书；百无一用是书生；然则君之所读者，古人之糟粕已夫……这是另一类说法。

书是生活的记录，世界的映象。最大的快乐在于从书中重新发现世界，从世界与生活中体会书籍内涵。

但书是语言文字符号的载体，而不是直观的世界。书的长处与短处，都在这里。

符号的世界，已经充满了人的灵性、思维性、能动性、主体性，它有一种条理性、清明性、理想性、概括性、稳定性、集中性、强烈性、想象性、延伸性、创造性，中国老百姓的说法，叫作“白纸黑字”写着的，它的负责性与恒定性，都是其他媒介所达不到的。所以说，书是非读不可的。

完全沉浸在符号中，丧失了生活实感，当然也出丑，可悲。

为了开启民智，为了推行法治，为了“中国梦”的实现，必须读书。读书不可替代，经验、资格、勇敢、聪明、运气、财产，都不能代替读书。

读书正在受到挑战与考验。网络与多媒体正以它们的便捷性排挤人们的读书习惯。但是网络浏览不能代替深度攻读，音像制品不能代替手卷墨香；浅层次的直观，不能代替面对书籍的长考。

所以，我赞美人民文学出版社、中国大百科全书出版社、人民日报出版社、中国教育报、中视博尔乐（北京）传媒有限公司等联合推出的“核心阅读工程”计划，我相信这样一个宏大的工程，定能将我国的读书生活，开拓出一个新的局面。

王蒙

“核心阅读工程”专家顾问团

总顾问：

柳　斌

专家顾问：（按音序排名）

陈　晖
北京师范大学文学院教授、博士生导师

程方平
中国人民大学教授、博士生导师，什刹海书院副院长

冯俊科
中共北京市委原副秘书长，北京市新闻出版局原局长，北京出版发行业协会主席，首都出版发行联盟主席，作家

高登义
中国科学探险协会主席，中国科学院大气物理所研究员

海　飞
中国少年儿童新闻出版总社原社长兼总编辑，国际儿童读物联盟中国分会主席

韩映虹
天津师范大学教育科学学院学前教育系主任、教授、硕士生导师，天津市政府兼职督学

黄友义
国务院学位委员会委员，中国翻译协会常务副会长，中国翻译研究院副院长

金　波
儿童文学作家，国际安徒生奖提名获得者

鞠　萍
中央电视台少儿栏目制片人，青少年节目主持人

刘　兵
清华大学教授、博士生导师，著名“科学文化人”

刘海栖
山东省作家协会原副主席，中国作家协会会员，儿童文学作家，资深童书出版人

梅子涵
儿童文学作家，上海师范大学教授

苏立康
北京教育学院教授、中国教育学会中学语文教学专业委员会原理事长

王俊杰
中国科学院国家天文台项目首席科学家、研究员、博士生导师

位梦华
中国首次远征北极点科学考察队总领队，中国地震局地质研究所研究员

伍美珍
儿童文学作家，“阳光姐姐”，安徽大学儿童文学创研中心主任

徐明强
外文出版社原总编辑，美国长河出版社前CEO兼总编辑，资深翻译家，国务院特殊津贴获得者

杨九俊
江苏省教育学会会长，原江苏教育学研究院常务副院长、著名语文特级教师

杨　鹏
儿童文学作家及少年科幻作家，中国首位迪士尼签约作家，中国社科院文学所副研究员

杨学义
北京外国语大学原党委书记

张新洲
中国教育报副社长，人民教育家研究院院长

张之路
作家、剧作家，中国作家协会儿童文学委员会副主任，中国电影家协会儿童电影委员会会长

朱　进
北京天文馆馆长

致热爱科学的小朋友们

俗话说："大自然孕育万物。"各位小朋友现在可能还不能完全理解这句话的意思，然而当你们把这本书全部读完，合上最后一页的时候，便会明白，这个世界在人类出现之前就开始孕育的一草一木是多么不平凡！人在一生中，不仅仅从植物那里获取粮食，而且还从植物那里得到家、衣服、药物、纸张、碗、玩具、零食等数不尽的东西。各种植物真是让我们感激不尽！

小时候，在我居住的村庄里有一头牛。那时候，为了给牛割草吃，我的手没有一天是好的。镰刀不小心划伤手的时候，荒地上的艾草就好像在伸着脖子说："把我割下来，捆走吧。"在沟壑里挖些荠菜，我们才得以补充一些体内缺乏的维生素；没有零食，感到嘴闲的话，我会爬到后山摘些树上的松脂，当作口香糖放入口中。到了秋季，该把稻田里的蚂蚱穿起来的时候，只要有一根长在周边的狗尾巴草就足够了。

地球上所有的能量根源都是植物。喝一杯果汁，归根到底也是我们把植物自身从太阳那里吸收、储存的能量抢了来。同样，吃一碗饭也是如此。植物即使是过着世代不变的生活，它们也一直在勤劳地进行光合作用，为我们制造吃和用的东西。植物靠自己生成各种物质，而我们这些动物类生物却坐享其成。因此，如果说世上有需要我们敬拜的对象的话，那就应该是宇宙赋予大自然的空气和绿色植物。

坦率地说，我在上小学的时候，除了教科书以外，几乎没有读过任何科学类的图书。除了常见的童话书，那些价格昂贵的植物图鉴我连见都没有见过。即使是这样，我还是能够轻松地画出狗尾巴草、松塔、蕨菜花。至于教科书上所说的双子叶植物、单子叶植物分类，我却是到后来才知道的。

后来我在学校讲授生物课程时，大自然教授给我的真理和经历一度成为我的背景知识，成为我的故事素材，也成为我讲课的维生素。从这层意义上来说，我真是欠了草木终生难报的恩情。

我在初高中和大学里已经为学生们讲授了四十余年的生物课程。不言其他，如果说我的学生让他的学生也能够正确认识我们身边随处可见的草木的话，那么我便觉得我这个老师没有白做一回。

如今，我已年近古稀，但我还是想尽我所能去激发小朋友们的好奇心。春天让人变成诗人，秋天让人变成哲学家。而当大家读完这本书的时候，说不定就都成了一名植物学者。最后，希望各位小朋友能够一直用充满好奇的眼光接近自然、仔细观察自然，成为一个让生活科学化的孩子。

江原大学生物学科名誉教授 权五吉

目录

关于树木的知名故事

关于花类植物的知名故事

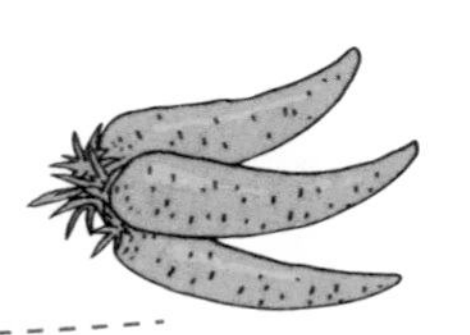

关于美味植物的知名故事

关于观赏植物的知名故事

权五吉老师讲述的

神秘的植物故事

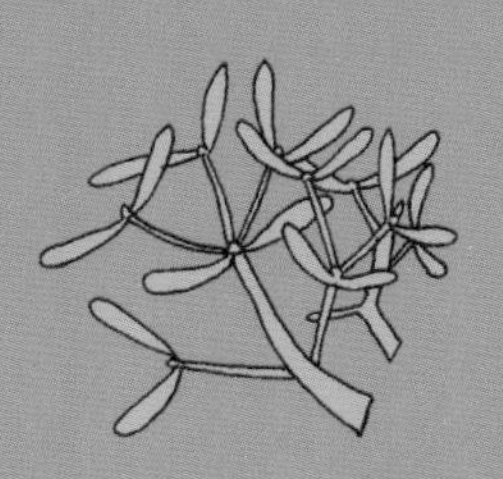

关于树木的

知名故事

比老虎还可怕的柿饼和柿子树的故事

松树、红松等裸子植物的法则

韩国特有的连翘和卵叶连翘的故事

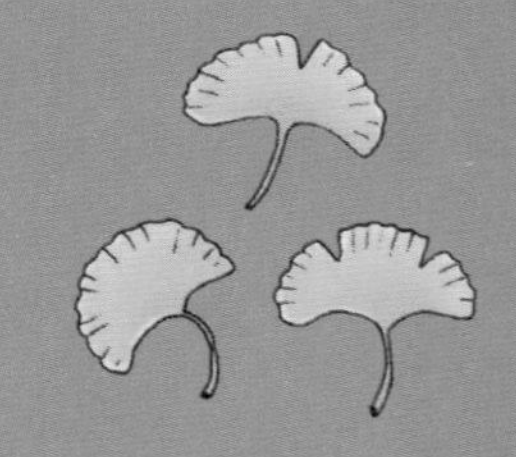

关于雌雄株相视才可结出银杏的化石生物的历史故事

暗绿绣眼鸟和山茶树之间的神秘爱情之歌

悬铃树木、美桐
以及法桐的故事

只看叶子便可识别
出来的枫树故事

韩国国花——
木槿花与蜀季花
的交集

先开花后长叶且始终面
朝北的玉兰的神秘面纱

森林浴可不是谁都能享受的

知识搜索：1. 松树常绿的秘密

2. 松子是不能发芽的

你们不知道师傅会过敏吗？
每年春天，师傅因为那些到处
飘落的松树花粉连觉都
睡不好！
我们不
知道啊！

哈哈哈，
我现在好多了。
没事儿。
啊！师傅！

怎么能因为小小的过
敏症状就远离这么
值得我们感激的
松树呢？

做松饼的时候用松针
的话，可以起到杀菌的
作用，让松饼的味道
能够保持得更持久。

过去，我们还用小松
树枝充饥。另外，松
脂、松花粉、松子也
都是非常名贵的药材！

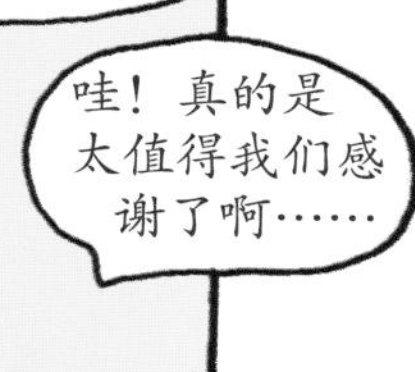
哇！真的是
太值得我们感
谢了啊……

松树林里释放出大量
的植物杀菌素，不仅可
以缓解压力，而且还具
有杀菌的功效。你们再
去找些松树来！
是！

真好！现在开始，
让我来尽情地释放
释放压力吧！
噌！
噌！
他是不
是搞错了，森
林浴不是这么
弄的吧？
呃……真
无语！

人和松树

松树科树木包括沙松、云杉、落叶松、红松等几大类，其中仅松树就有9个属种。像松树叶子那样的针形叶子叫“针叶”，长针叶的树叫“针叶树”。

我们走在路边经常会见到的松树大致可分为3类，也就是说它有3个分支。让我们走近松树，仔细观察一下它的叶子。大部分松树的叶子都是两片聚集在一起的，这就是陆松。这类松树中，占据有利地形的可以不断长高，变成郁郁苍松，而未能占据有利地形的便只能长成个头儿矮小的偃松。不过，不论是郁郁苍松还是偃松，都同属一类。与上述品种不同，有一种松树叶子短、硬且外表粗糙。如果摘下它的叶子仔细观察，我们会发现这种树的叶子每3片聚拢在一起。这种树叫美洲松，原产于北美洲，抵御害虫能力强。最后，还有一种松树在等我们介绍，那就是叶子尤为翠绿、厚实且长的红松。仔细观察它的叶子就会发现，一片叶子居然有5根松针聚拢在一起。因为它们像是五兄弟整整齐齐聚拢在一起，所以也被称为“五叶松”。我们以为松树都一样，可是没想到仅仅是叶子就有这么大的区别。这不是大自然的秘密还能是什么呢?

松树还有一个秘密。那就是一般的落叶树都是春天的叶子秋天落，而松树却是每两年落一次。也就是说，前一年的叶子在秋天掉落，而当年的叶子仍长在树上，所以无论何时它都保持着翠绿的姿态，因此被称为常绿树。当然，常绿树也是会有新老叶子交替生长的。世上怎么会有永不衰老的叶子呢？请大家看看掉落在松树下面，覆盖着树根的干松针！

如果大家看到松树，一定能够发现有些松树结满了松塔。但是，怎么那边的松树上只结了几个呢？这一现象要如何解释呢？原来，所有的生物都有一种习性——无论身处何时何地，也无论采取怎样的方式，它们都始终想着繁衍后代。所以，前面提到的长满松塔的松树是不正常的。也就是说，它在不久之后即将死去。它想赶紧留下更多的种子后再死去，所以才长了那么多的松塔。

熟知这一习性的人们会向动植物适度施压。只给兰草浇很少的水，是人们为了让它感受到生命的威胁，快点儿开花。啊，真奇妙！人类不是也一样吗？在极度贫困、战乱等恶劣环境下，便会生养更多子孙。

大家见过松树的花吗？因为没有花瓣，所以大家可能会觉得它没有花，但是没有花瓣和花萼只能说明它是不完全花。据说一棵松树上会分别结出雌花和雄花。花粉从雄花中溢出，所以1~5月刮风的季节，便时常会有一些人出现过敏的症状。雄花花粉需要飘落到尽可能远的地方，与雌花结合。所以雨后，地上往往会像积水了一样汇集大量松花粉。由此可见，松树属于风媒花。

雌花沾上松花粉，便会结出小松塔。松塔会在来年秋季成熟，变成褐色。每个松塔上有70~100个果粒，果粒里面有黑褐色的松子。松子裸露在外，所以松树被称为“裸子植物”。

松塔的果粒长成后裂开，于是松子便会自然掉落下来。松子仁有一个薄薄的椭圆形翅膀，会带它随风飘走。它形似被砍掉一半儿的枫树种子。随风飘落远方的种子，一部分变成山雀的食物，剩余的部分落地发芽，而使命完成的松塔则会啪啪落地。

我们可以通过松树被砍伐后的树墩的“年轮”读出它的年龄。即，树墩上的纹理一圈宽，一圈窄，按照取两者之和的方式数，就能算出树的年龄了。宽的那一圈是因为春夏两季生长茂盛，而窄的那一圈则是因为秋冬两季生长得不够茂盛。另外，我们还会看到树墩年轮的一边明显要比另一边更宽一些，那是因为宽的那边位于南侧，光照比较充足。

松树 | 学名：Pinus densiflora | 种类：球果植物 松树科，常青针叶乔木

别名： 松、赤松、陆松；

英文名称： Pine

花： 一棵树上可同时开出雄花和雌花。4~5月份，新枝尖上盛开的雌花为淡紫粉色，雄花为黄色。

叶子： 每两个针叶聚拢在一起。

果实： 果实呈球果结构（松塔状的果实），鸡蛋状的松塔在开花后的次年9月成熟，呈褐色。

与松树相像的树木——红松

红松是生长于寒冷地区的针叶树，针叶比松树叶子粗，每5根松针聚集成一团。像松树、红松、沙松、落叶松这样的针叶树都属于雄花和雌花在同一棵树上盛开的雌雄同株类植物。5月开花，次年10月，长长的松塔状果实便会成熟。每个松塔果实上带有100多个松子。

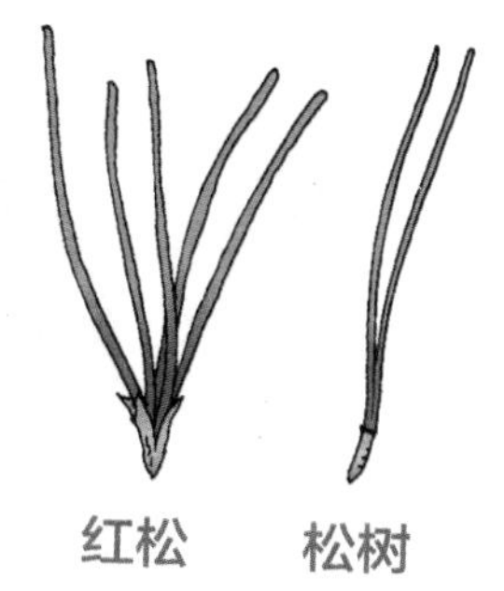

通过植物学习常识

掉落在松树下面的松子是不能发芽的。如果想要发芽，一定要有强烈的阳光照射，但可能是因为母株茂盛的树荫，所以导致了树下的松子很难发芽。此外，母株释放出的化学物质也会抑制松子发芽。这就是所谓的“他感作用”。因此，松子被尽可能地送到更远的地方。而如果砍掉母株，我们就会看到很多松子随之发出芽来。这就是“幼松”。

这个果子散发出一股奇怪的味道

知识搜索：1. 味道异常的银杏果

2. 被称之为“活化石”的银杏树

你胡说什么啊，我吃
奶奶烤的银杏的时候，
一点儿味道都没有。

对身体好。

吧唧吧唧

彼此对视才能结果的银杏树的秘密

银杏树被称为“活化石”。据悉，世界多地发现了二十余种银杏科化石。历史久远的生物被称为“化石生物”。正是因为和那些古老化石同一种类的银杏树还活着，所以叫它“活化石”，即“历史悠久的树”。从两亿年前中生代的三叠纪时期开始，银杏树历经冰河时期却还始终保持不变，生存至今，真是一种生命力顽强的树种啊！

在冰河时期生存下来的银杏树中，部分在中国浙江省天目山附近自然生长。正因如此，世界各地的银杏树都是从中国引进的。中国、韩国、日本等东方国家从很久以前便开始在寺庙的庭院里种植银杏树。如今，因为银杏树抵抗害虫能力强，所以也多作为观赏树或林荫树种植。如此说来，我们还真是没见过银杏树生病或长虫子呢。

如同它悠久的生存历史一样，它的名字也不止一两个。银杏树又名“杏子树”；因为它的树叶形状像鸭爪，所以又被叫作“鸭脚树”。此外，它要在发芽20年以后才结果，也就是说种树的人要等到自己有了孙子时才能收获果实，因此它又被称为“公孙树”。而它的果实就是银杏。

银杏树果实属于内含坚硬种子的核果。圆溜溜的果实在九十月份成熟、变黄。如果你曾在秋季漫步于银杏树下，那么你应该也闻到过不知来自何方的腐臭味儿，那就是银杏果皮发出的气味。果皮直接接触皮肤，还会引发接触性皮炎。因此你即使只是摸了摸银杏，也一定要把手清洗干净。也正是因为如此，大人们通常会把收集起来的银杏放到草袋子里，待果肉熟透，再用水清洗干净后保存。这是为了日后把又白又硬的果皮里面的种子剥出来烤着吃或作为各种菜肴的材料使用。

种子的外皮呈白色，所以取银色的“银”字。又因为果实长得像杏儿，所以取“杏”字。这两个字组合在一起就构成了它的名字“银杏”。英文名“Ginkgo”也同样是包括“种子外皮呈白色”这一特征，即“银（白）杏”之义。

银杏树属于雄株和雌株不同体的雌雄异株树木。银杏的花是雄株的花粉随风散落到雌株上的风媒花。据悉，大部分风媒花的花朵不怎么艳丽，所以也就不那么显眼了。银杏树的花非常小，而且与树叶同色，所以不仔细看的话是看不到的。大约到了5月份，银杏树下会飘落一些像草绿色虫子一样的花儿，那便是雌花了。

那么，能从外表上区分雌株和雄株吗？大家不妨试一试。一般来说，要等到结果的时候才能区分出来，因为只有雌株才会结果。到那时，挂满黄色果实的银杏树会为秋景增添一份秀丽。

银杏树不仅外形好看，而且它体内还含有几种植物杀菌素类物质。这些物质可以促进人体血液循环。特别是从银杏叶子中萃取的药物还被作为血液循环的药剂销售。德国也生产类似的血液循环药物。树叶原来救了这么多人的生命啊！

植物一旦在某个地方扎根，那么不管外界环境多么艰苦，它们都会坚持到底。所以它们应该是为了保护自身，才独立分泌了各种药物成分吧？不管怎么说，它们都是值得我们感谢的植物。食物和氧气就不用说了，甚至连木柴、药物都提供给我们，太谢谢你们了，植物！

一草、一木、一花、一叶都是那么不平凡。大家对此都认同吧？如果走近它们，与它们交谈，那么我们会了解它们的健康生活，也会发现其中的奥妙和喜悦。这就是探索科学、生物学的乐趣！如果我们走进大自然，大自然会很高兴地欢迎我们；仔细观察大自然，我们也一定会有新发现！

到目前为止，我们了解了两种裸子植物。接下来让我们一起准备走进被子植物的世界！

银杏树 | 学名：Ginkgo biloba | 种类：银杏树木科，落叶乔木

别名： 杏子树、鸭脚树、公孙树

英文名称： Ginkgo

花： 4月，雌花、雄花与叶子一起分别长在不同的树上。雄花为淡黄色；雌花为黄色，呈棒槌状。

叶子： 整片生长，呈扇状，通常从中间分为左右两半。在较长的树枝上，叶互生。

果实： 核果（内含坚硬树种的果实）。10月成熟，呈黄色。

变黄的银杏树树叶

虽说银杏树树叶一般是从中间分成两半的，不过也有不分成两半的和分成两半以上的叶子。与长着细长针叶的松树、红松等针叶树裸子植物相比，银杏树的叶子却呈现又宽又平的样子，而叶脉则属于平行脉。

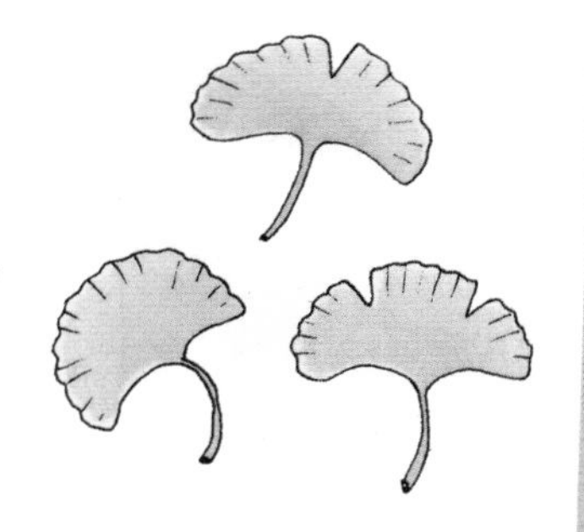

通过植物学习常识

在前文中，我们已经说过银杏树是雌（♀）雄（♂）不同体的树种。除银杏树以外，朱木树、榧树等裸子植物，以及桑树、柳树、刺桐等被子植物也属于雌雄异株的树种。草类植物也有雌雄异株的情况。如葎草、山蓼、菠菜等。另外，大家需记住的是表示雄雌的符号。符号♀象征美之女神维纳斯的镜子，♂象征战神的长矛。

搞笑剧重演——橡子事件

知识搜索：1. 品种繁多的橡树

2. 所有的橡树都会长橡子

音乐礼物？那个要怎么弄啊？
5个橡子就可以得到一个音乐礼物。

呃，橡子是吧？好嘞！

可是，你这突然要去哪儿啊？
啪啪啪
不会是……

橡树，橡树！橡树下面会有很多橡子呢……
体育公园

啊，发现橡树！还有橡子！

啪嚓
啪嚓
啪嚓啪嚓
啊！那是我们的粮食啊。

啦
啦啦
这么多应该能买100首歌了吧？
看起来就像个无情的家伙，还真是……

什么？

你说的橡子不是这个橡子？
我的预感还真是从没错过！

所有的橡树都会长橡子

听说现在大家找橡子不去山上，而是坐在电脑前找。据说在网上直接付款，每次可买5个。这个网上橡子的用途大家可能比我更熟悉。不过，我更好奇的是，到底有多少朋友真正接触过橡子？真正结橡子的橡树实际长什么样呢？如果大家对此感到好奇，在电脑上搜索“橡树”是无法得到精确信息的。那是因为网上也是把100多种归属于橡树的树木大致画出来，统称为橡树的。

常见的橡树有柞木、栎树、短柄枹栎、麻栎、白橡。在这里，我们就只谈一谈这5种。首先让我们分别看一看它们的叶子形状。

柞木、栎树、短柄枹栎这3种树的叶子比较相像。其中，柞木和栎树没有叶柄，紧贴在树杈上生长。只有短柄枹栎有叶柄。不过，如其名所述，短柄枹栎不仅叶子小，而且结出来的橡子也小得可怜。

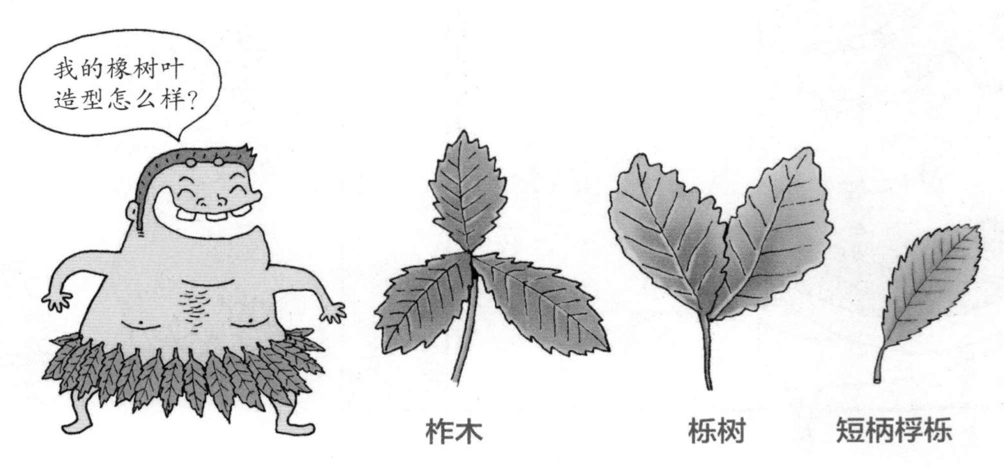

短柄枹栎在诸多橡树种类中，也是“小卒”。栎树的叶子最宽，而且叶子背面长满了柔软的毛儿，而柞木没有这些毛儿。这样就可以把它们区分开了吧！以叶柄的有无、背面毛儿的多少为基准，便可区分以上3个树种。

即使是在公园里散步，我们也会心想“那是橡树，看叶子应该是栎树吧”。这样的观察都算是一种学习。秋天，大家如果看到掉在地上的橡子，不妨试着制作一些橡子卡片，看看每棵橡树的橡子长得有什么不一样。

所有的橡树都会长橡子。因此，即使是把它们都叫作橡子树也是对的。裸子植物的种子都是裸露在外的，而所有被子植物的种子则是被裹在果实里面的。事实上，我们爱吃的果实大部分都是被子植物！松鼠们也非常非常喜欢吃橡子呢！

春风徐来，雄花花粉碰到雌花，完成受精过程后，才能长出半扣着帽子（壳斗）的可爱橡子。橡树的花也是由风牵线结出橡子的风媒花。虽然橡树属于雌花和雄花长在同一棵树上的雌雄同株，但我们即使是瞪大了眼睛，也很难找到橡树的雌花。到橡子从树尖上轮生的叶子中长出的时候，雌花才能映入我们的眼帘。

接下来，让我们一起来看麻栎和白橡。这两种树的叶子又长又窄，像栗子树的叶子。从叶子正面看，它们完全一样。不过翻过来看背面的话，我们便能清楚地看出它们的差异了。白橡树叶的背面为白色，这与麻栎不同。此外，麻栎和白橡叶子边缘的锯齿部分都为白色，而栗子树叶子边缘的锯齿部分与叶子同色。

这样说的话，一般人无法区分栗子树和麻栎的叶子。可是仔细想想，我们为什么要把栗子树和橡树放在一起做比较呢？事实上，栗子树也属于橡树科，它与橡树是“堂兄弟”的关系。二者相似之处甚多，所以都属于落叶阔叶乔木（落叶乔木）。

不同的是白橡茎部外壳被非常厚的软木层层包裹。过去，人们用它的外壳做瓶盖，还把它的外壳一层层地剥下来，做瓦房屋顶。“橡皮房”指的就是用白橡树皮做成的瓦房。

不过，橡树类树种杂交现象尤为常见。这是雄花花粉不落到橡树自身的雌花上，而是远走高飞与其他树种受精而造成的结果。槲栎混合橡树就是栎树和槲树杂交而成的。栎柞木是栎树与柞木的杂交树种。为了得到结实的木材，也有人专门进行树木杂交。

白橡 | 学名：Quersus variabilis | 种类：栎目壳斗科，落叶阔叶乔木

别名： 橡子树

英文名： Oriental oak

花： 4~5月，雌花与雄花在同一棵树上盛开。

叶： 叶互生，叶子背面有毛儿，叶子边缘的锯齿部分为白色。

果实： 坚果（坚硬的果实）。果实在开花后的次年10月成熟，呈褐色。橡子呈圆形，外部有壳斗包裹。

喜欢短柄枹栎橡子的松鼠

小松鼠带上橡子作为午餐去郊游的故事是童话书中经常出现的画面。松鼠爱吃长在树上不掉落的短柄枹栎橡子。为了过冬，它们把橡子放置在多个地方，而其中还没来得及吃的橡子就在地里生根发芽。可以说，松鼠帮助了橡树繁殖后代。

通过植物学习常识

橡子的大小、被壳斗包裹的外形也因橡树种类的不同而各不相同。不过因为它们都只有1~2厘米那么小，很是相似，所以当我们在表达没必要较量、比较的意思时，就可以说是“橡子比个头儿”（即不相上下、半斤八两的意思）。如果说各种橡子之间有什么明显差异的话，那就是麻栎和短柄枹栎的橡子需要两年才能长成，而其他品种的橡子则在当年的秋天就成熟了。

脸上长的癣和不解之谜

知识搜索：1. 脸上长癣的梧桐树

2. 带铃铛的梧桐树

梧桐，那到底
是什么意思啊？
那就是癣的意思嘛。就是长在
脸上的一种皮肤病。（注：韩
语中，梧桐与癣的发音相似）

……
玛鲁，师傅
说的是你！
咔吃咔吃
地挠
我？

我……
我不知道啊。
不知道？什么不知道啊！
这里脸上长癣的人除了你
还有谁？

给我打，一直到他
肯说了为止！
啊啊啊
这样打！
这样打！

快招！
啊！我真
不知道啊！

呃，这群笨蛋。
梧桐树就在身后，
竟然不知道！

带铃铛的梧桐树

大家似乎是头一次听说美桐，但它其实就是我们平时常说的“梧桐树”（platanus）。这种树高30米左右，生长速度快。我之前就读的初中校园曾种过一棵梧桐幼苗。它历经50年，如今已长成守护校园的五尺多粗的参天大树。此外，它作为路边林荫树也广受喜爱，因此在一般的大马路边都能看见这种树。到了树叶变红的时候，它还可以为我们勾勒出一幅阔叶落满地的别致风景。此外，它也是一种抵御力极强的树。

悬铃木科植物包括美桐（一球悬铃木）、法桐（三球悬铃木）和英桐（二球悬铃木）3种。其中，美桐原产于北美，法桐原产于欧洲和亚洲西部地区。也就是说，它们都属于外来品种。像洋葱等植物一样，在前面加上“洋”字，以表示来自西洋之意。

这些树的树皮一条条儿地竖着裂开，并成块儿脱落，最后便留下了一些斑驳花纹。它们这样脱皮的样子在植物分类学家看来就像是脸上长的癣。到了秋天，树上会结出2~6个小铃铛状的果子，这就是“悬铃木”名称的由来。

美桐 | 学名：Platanus occidentalis | 分类：蔷薇目悬铃木科，落叶阔叶乔木

别名：悬铃木

英文名：Platanus

花：4~5月份，雌花和雄花在同一棵树上盛开。雄花长在叶腋处，雌花开于树尖。

叶子：叶互生。呈鸡蛋状，叶子边缘部分分为5~7条，条间界线较深。

果实：球果。铃铛状果实在10月份成熟。

另一种梧桐树——英桐（二球悬铃木）

英桐是美桐与法桐的杂交品种，是在美桐和法桐两个父株的形态中各取一半的新品种。叶子的横纵长度接近，且每株长两个果子，就是英桐。叶子纵向长度更长，且每株长2~6个果子，则为法桐。叶子横向长度长于纵向，且只长一个果子，则为美桐。

通过植物学习常识

癣，指的是因白癣菌这种霉菌而引发的皮肤病。我们小的时候每个人的脸上都有像蘑菇一样的白块儿。这是身体营养不足的表现。

比起肉，我更喜欢柿饼

知识搜索：1. 无私奉献的柿子树

2. 喜鹊食的习俗

求……求你饶
了我吧！我听
说比老虎更可怕
的是柿饼……啊，
难道不是吗？

到底是谁在
散布这种谣
言啊？

无私奉献的柿子树

我小时候生活的地方盛产柿子树和栗子树。我的故乡属于气候较温暖的地区，所以不用说是竹子，就是连亚热带植物无花果树也可以自然生长。然而，不知为何，枣树却无法在此自然生长。这应该是土壤、气候影响植物成长的缘故吧。

毫不夸张地说，没有柿子树，就没有我的童年。柿子树属于春季新芽长得较晚的植物。柿子树在发芽后没多久就开满淡米色花，我们会用线把花穿起来，当项链戴在脖子上。如果这样还觉得不过瘾的话，我们通常会把花摘下来放入嘴中。花里含有糖分，所以会有一种略带苦涩的甜味。

到了花谢的时候，小柿子便已悄然散布其中。如今的人们把富含维C的柿子树幼叶摘下来晒干，做成柿子叶茶。而小时候的我们对此全然不知，只会把偏圆形的柿子叶折成方宝摔着玩儿。谁让我们那时候没有厚纸片呢？就算是这样，想摘到些许树叶，也还是费了我们一番心思的。不过收集那些树叶的乐趣也还是很多的。

柿子树的果子一年茂盛，一年稀少，这叫“隔年果丰”。这是因为晚秋时节，长柿子的树杈被整个折断而导致它无法冒新枝，或者是因为树木为了结果已将土壤中的肥料用尽。

到了秋天，即使果熟了，用于做软柿子的那些果子也要再放些时日再摘。不过做柿饼用的那种尖头儿柿子则需要尽快摘下来。如果放着不摘，果内的水分无法蒸发，最终就会变成软柿子。

相反，如果把柿子皮剥掉，让水分蒸发，它就会变得软软的，此时的味道也就是最好的了。这是因为柿子的果肉转换成了糖分。像削苹果皮一样，用心地把柿子皮剥下来，用线把花萼变成柿子蒂的部位拴成一串儿，放在背阴通风处，一串串儿地挂起来，就会做出柿饼来。

柿子里含有单宁酸，它能促进大肠内水分的吸收，所以如果大家因迷恋它的甜味儿而吃太多的话，那以后可能会因便秘而要吃些苦头了。不过即使是这样，我们还是会今朝有酒今朝醉吧。单宁酸沾在白色衣服上的话，衣服便会被染上黑红色的青柿子汁，所以它也被作为染料使用。

掉在地上的柿子也可以收集起来做食醋，这就是有助于身体健康的柿子醋了。这样看来，来自柿子树的东西真的是无一废品啊！花、叶子、果实都可食用。

美味的柿子是嫁接在柿树科的原种（传统品种）黑枣树上的。那是因为与改良品种相比，黑枣树根部的疾病抵御力强，且能吸收营养成分更充分，同时还具有朝远处蔓延生长的健康野生特性。同样，栗子、苹果、梨、葡萄树、橘子也分别是用野生栗子、野苹果、山梨、山葡萄、枳子树做嫁接砧木嫁接的。

说到这里，我给大家出一道题。柿子吃完后的柿子核儿种在地里，是会长出黑枣树还是会长出柿子树？还有，种下橘子核儿，是长出枳子树还是会长出橘子树？

种子是不会丧失它原有的本性的，所以它们分别会长出黑枣树、枳子树。同样，种栗子长野栗子树，种葡萄长山葡萄树！这是为什么呢？

某根树枝上长出不同于其他树枝的又大又好吃的果实，这种现象叫作“树枝变异（突变）”。这是把结大果子的树枝砍断嫁接，让它的特征得以传承。然而，这种突变只能作用于子房，让子房不断变大，而胚珠还是保持着原来的状态。也就是说，嫁接后，即使子房的体积变大、味道变了，种子也还会保持原始状态，所以如果种下的是改良果实的种子，那么长出来的就会是原种。这是因为它很难丧失原有的野生特性。

看起来好吃且肉多的水果其实都是改良品种。这是选择它更大、更甜、外形更美观的优良特性而嫁接出来的。我们吃的就是子房生长的部分（果肉）。原来如此！即使外表被改变，可它的内在却丝毫未变。

在万叶枯落的秋季，柿子树上结满了丰硕的红果子。这样的风景，哪怕只是站在一旁静静观赏，也会让人感到风光无限、丰盛无比。

柿子树 | **学名：Diospyros kaki** | **种类：柿树目柿树科，落叶阔叶乔木**

别名： 柿树

花： 5~6月份，淡黄色的雌花和雄花在同一棵树上盛开。花瓣末端虽然会裂开，但还是属于合瓣花。

叶子： 叶互生，呈鸡蛋状。

果实： 浆果（果实多水分、味甜，内含种子）。10月份成熟，呈朱黄色。

与柿子树相像的树——黑枣树

黑枣树虽然同样属于柿树科，但其果实却是橡子大小的小果实，因此黑枣树被称为“小柿”。它的果实虽然娇小可爱，但还是如“七十个黑枣不顶一个大柿子”所说的，味涩且种子多于果肉，所以人们不怎么爱吃它。黑枣树在不结果的时候很难与柿子树相区分。黑枣树的叶子小且长。

通过植物学习常识

我们的祖先们心地善良，秋天摘柿子的时候不全部摘光，一定要在树梢上留几个给鸟儿们吃，这就是所谓的“喜鹊食”（留鸟食）。不过，除了喜鹊，大山雀、棕耳鹎、乌鸦、杂色山雀也会来吃“喜鹊食”。我们应该学习祖先们这种关爱动物、把身边的鸟儿也当作邻居的美丽心灵。

枫叶为什么是红色的?

知识搜索：1. 斑驳陆离的红色枫叶

2. “骨利树”的秘密

哼，只知道摆些花架子！因为名为花色素和叶红素的色素，所以它才这样的。

啊！嘿嘿嘿

嗖

斑驳陆离的红色枫叶之谜

秋天叶子变红时，吸引我们的那些红色树木大都属于枫树科植物。决定这红叶颜色的因素还真是错综复杂。

植物也会因新陈代谢而产生一些需排出体外的废弃物，可是它们却没有像肾脏那样的排泄器官。于是它们就把这些废弃物装在细胞里一个叫“液泡”的液体小口袋里，到了秋天叶落之时再一并排出。粪尿居然都通过叶子聚集、消化，这是不是很神奇？还有如果我说正是这些液泡染红了美丽的秋叶，大家会相信吗？好像马上就要裂开的“鼓肚子”液泡里不仅融入了叶红素、叶黄素这样的色素，而且还有花青素（花色苷，Anthocyanins）和甜甜的糖分。当然，这些色素并不是秋季新生的成分，而是叶子原本就有的。它们只不过是一直被深绿色的叶绿素掩盖而未被发现而已。

叶红素让枫叶带有红色和浅黄色，叶黄素则是那种会让叶子变成银杏叶般金黄色的色素。让枫叶最终变成红色的决定性因素是液泡中的花色素。花色素和糖分融合后呈鲜红色。秋季，晴朗的白昼越长，糖分就分泌得越多，那么那一年的枫叶就会更漂亮、透亮。秋天的树叶颜色就是这样。温度降低，叶绿素消失，其他色素便露出了自己的本色。也就是说，一旦温度下降，叶绿素便很容易被破坏，相反其他色素却对低温有着较强的抵御能力。

枫树	学名：Acer palmatum	种类：无患子目 枫树科(槭树科)，落叶阔叶乔木

别名：山丹枫

英文名称：maple

花：5月份，淡黄色花朵聚集在树梢处盛开。

叶子：形似手掌的树叶两片两片地在树枝上对视而生。

果实：翅果（长有翅膀的果实）。9~10月份成熟。挂有两颗种子的果子呈八字形。不同枫树种类的八字形状的外撇角度不同。果子像长了翅膀一样飞落在地，种子也就随之散落。

根据枫树种类的不同，而呈不同形状的枫树叶

整个叶子分裂出来的裂片为11个的是韩国特有的郁陵岛枫；9个的为紫花槭；7个的是鸡爪槭；5个的是色木槭（即五角枫）；3个的是茶条槭。其中，紫花槭的秋叶颜色最深、最红。带有黄色的红枫叶是日本改良之后的品种，名为“红丝鸡爪槭”。

通过植物学习常识

初春时节，人们会抽取色木槭的树液饮用，这就是色木槭汁。色木槭主要生长在韩国的全罗道和庆尚道地区，因此又被称作“骨利树”，即“有利于骨骼健康的树”之意。在树上打孔，然后把管子插进去，便会流出树液，即是沿着树木的导管从树根部位涌上来的液体。

帅哥山茶小伙儿

知识搜索：1. 被称为“鸟媒花”的山茶花

2. 山茶树的多种用途

每到了这个时候，
苏子叶不是都会用
山茶树的种子榨油，
做护发油嘛！
轻手轻脚
噢！

找到了！

啊，我之前放在
这儿的山茶油去
哪了？
嗒嗒嗒

闪亮登场
油光锃亮
油光锃亮

怎么样？我用山茶油
做的时尚先锋新造型！
玛鲁
啊……

太油啦！
咣当

是太超
前了吗？
啪啪
啪啪
唉……
无语。

啧，当初拿山茶
油，是不是还不如
偷些花饼来吃了啊？
我看见她在用山茶花
叶做花饼呢……
就是啊，
我肚子
好饿啊……
咕噜噜

山茶树与暗绿绣眼鸟的传说

山茶树有着坚硬光滑的茎秆、油亮的叶子和鲜红的花朵，是茶树科中的常绿阔叶乔木。然而树枝从树底端开始分叉，最后长成灌木的山茶树也不少。这里所说的“乔木”指的是只有一个大茎秆笔直生长的树木，“灌木”指的是长着许多个茎秆的矮个子树木。山茶树中，较高的品种有18米多之高。

春天还没到，山茶花已经盛开。这代表它在冬天就已经长出花骨朵了。在凛冽的寒风还未消逝的季节里，它是怎么授粉的呢？大家对此不感到好奇吗？在那寒冷的天气之中，搬运山茶树金色花粉的蜜蜂和蝴蝶是不可能出来的。任何生物都必然要生存下去，所以这种花树不是通过昆虫或风，而是通过鸟儿搬运花粉的。这就是“鸟媒花”，而这个鸟就是“流浪汉”暗绿绣眼鸟。山茶与暗绿绣眼鸟就是这样结下永世姻缘的。

山茶树 | **学名：Camellia Japonica** | **种类：侧膜胎座目茶树科，常绿阔叶乔木**

别名： 山茶花

英文名： Camellia

花： 2~4月份，每个树梢上会有一朵红花盛开。花落时，花瓣不凋谢，整朵凋零。

叶子： 叶互生。厚厚的椭圆形叶子光润透亮，在叶子的边缘部分有小锯齿。

果实： 蒴果（子房每个室间内都有种子）。10月果熟。

寄生在山茶树上的寄生树

槲寄生中，一定要附着在山茶树树枝上生根成长以吸收水分和养分的种类叫“山茶树寄生树”。它被定义为寄生植物、宿主植物，这被称之为“生物的特殊性”。这种槲寄生中含有大量的槲寄生毒素（viscotoxin），在现代医学中作为抗癌药物等使用。

通过植物学习常识

山茶树赠予人类花蜜，还用叶子为人类提供蚊香，为人类提供乐器木材，甚至还赠予人类护发油。此外，连花叶都可以拿来做花饼，这样的树即使被宠爱，那也是理所应当的。难道不是吗？

白色玉兰开花时……

知识搜索：1. 面朝北方的玉兰

2. 植物的“向光性”

你是说我连
树都不如吗？
来，看到
那个玉兰
花了吗？

别的花儿都还没开，
玉兰却已经开花了，
看到了吧？
真的啊，这是怎么
回事呢？冬天才刚
过去没多久啊……

冬天一直在孕育
花骨朵，等到冬天
过去了之后……

就这样，先开花，
后长叶子。
哇！

所以啊，芝麻叶，你
也要这样，做到有备
无患。知道了吗？
嗯，
知道了！
嘿嘿

在别的方面，我也是在做
到有备无患之后才出来的！
在哪些
方面呢？

来，你看。为了防止
肚子饿，面包、紫菜卷
我准备了一大包。
蜂蜜
面包
哎呀，你是出
来登山的吗？

玉兰为什么面朝北方？

春天来临之际，一朵玉兰花在盛开前是要经历多么寒冷刺骨的冬天啊！正是因为饱受风霜洗礼，玉兰才有了那份出众的艳丽。

白玉兰原产于中国。请大家仔细看一看玉兰在开花之前的样子，一眼便能清楚地把花骨朵和叶芽区分开。小拇指大小的胖花骨朵贴在树尖，下面挂着许多矮小的叶芽。花骨朵被柔软的棉絮紧紧包裹着，叶芽则被笔直的麟芽覆盖着。就这样，接近于圆形的大棉絮下藏着春花，貌似干枯了的长麟芽下藏着淡绿色春叶。在这春寒正盛的季节，玉兰是在什么时候孕育花朵的呢？该是去年孕育后，一直把它挂在树梢上了吧？正因如此，我们才说要向玉兰学习，做到有备无患。

同时，也请大家仔细观察拳头大小的白花挂满整棵树的样子。花朵半开半闭，叶子还全然未出。这些花儿为什么面朝北开呢？其他树的花或叶子都像向日葵一样面向太阳生长，而玉兰花却全都朝着相反的方向。很神奇吧？也正因如此，过去的老人们才把玉兰称为“北向花”。大约再过10天便盛开的紫红玉兰也是这样面朝北方生长的。

白玉兰	学名：Magnolia denudata	种类：毛茛目木兰科，落叶阔叶乔木

别名： 玉兰

英文名称： magnolia

花： 4月份，在山茱萸之后盛开，牛奶色的花朵在树长叶子之前盛开。花瓣为6~9瓣。

叶子： 叶子宽大，呈鸡蛋状。叶互生。

果实： 蓇葖果（果皮裂开的果实）。9月果熟，呈红色。

盛开山间的玉兰——芍药花树

5~6月，芍药花树的花朵在山谷盛开，因此被称之为“山玉兰”。与玉兰不同的是，它是先长叶，再开出圆杯状的花朵。白色花瓣与红色雄蕊相互映衬，朝下盛开，看起来很是温顺，花朵的气味也很香。

通过植物学习常识

植物接受阳光照射时，在南侧接受阳光照射的叶子和茎中的成长荷尔蒙——植物激素（auxin）被破坏，细胞分裂也就随之减缓。相反，大部分分布在北侧的荷尔蒙还保持原样，所以叶子和茎便向太阳照射的那一边弯曲。这种特性被称为“向光性”。然而，像玉兰这样的植物，接受日照的南侧的荷尔蒙比较多，所以南侧的叶子和茎长得较快，于是它就朝北面弯曲了。

一片丹心只爱你

知识搜索：1. 花期不断的木槿花

2. 与木槿花相像的蜀葵

据说，那个女人宁死不屈。
那然后呢？

你怎么就这么死了呢？老婆！
呜呜呜
呜呜呜

你如果听城主的话，从了他，本可以活得很好。
都是因为我这个没出息的夫君，所以你才选择了死。娘子！

男人把妻子的尸体埋在了院子中央，然后一直守在那里。后来，在瞎子男人掉眼泪的地方……

开满了如生前的妻子一般面容姣好的艳丽花朵。

呜呜呜！这么伤感的故事……
所以木槿花的花语是“一片丹心”嘛。

嗯！我下定决心了！

我也要像这个传说里讲的那样，一片丹心，永远只喜欢你，紫苏。
那就算了！
紧握

还是先把你欠我的钱还了。
这么小气，不就5块嘛！

花期不断的木槿花的故事

大家知道木槿花是树吗？木槿花、连翘、金达莱只不过是矮了些，但它们不是草，而是真真正正的树，是灌木。

木槿花比牵牛花勤快，大清早便会开花。虽然到了晚上就凋谢，可是它会连续3个月不间断地开新花。大约在100天里，花儿不断开开落落，因此人们为它取名“无穷花”，取“开花无穷无尽”之意。勤勉、殷勤，有耐力！这就是木槿花。

木槿花有单层花、复瓣花、半复瓣花，颜色也有白色、粉红色、紫蓝色、紫色、青色等200种左右。仔细观察便会发现在木槿花花瓣内下方有深紫蓝色或红色的圆形花纹。这个叫“丹心”，白色花因为有丹心所以被称为“白丹心”。不过，也有没有丹心的木槿花。木槿花还被种在欧洲的大庭院之中。在美国夏威夷改良的夏威夷木槿花还被种在花盆里。

木槿花 | 学名：Hibiscus syriacus | 种类：锦葵目锦葵科，落叶阔叶灌木

别名： 瑾花，无穷花

英文名： rose of sharon

花： 7~9月，在叶腋，每处开一朵，外形像钟。花的颜色随花的品种而有所不同。

叶子： 叶互生。菱形的鸡蛋状，叶片分为薄薄的3片。

与木槿花相像的花——蜀葵

蜀葵属于锦葵科的二年生草本植物，夏季开大红花。高达两米多的蜀葵，从下至上开满了一层层的花朵，看起来非常漂亮，所以多种植在花坛中。花朵是盘子形状，果实也是下凹的盘子形状。

通过植物学习常识

与木槿花比较接近的植物还有棉花、冬葵、蜀葵、芙蓉。它们的花瓣又宽又大，最为相像。

百合，百合，野百合（连翘）

知识搜索：1. 被称为“迎春花”的连翘

2. 努力繁衍子孙的连翘

不过，它的名字为什么叫“百合”啊？

现在不正是春天嘛！
嗯，然后呢？

这只小狗来我们家的时候，我看到连翘正开得茂盛，所以就给它取名叫百合了。野百合（连翘）！

还不错。特别是这只狗是韩国的特有品种。（野百合）这个名和它很搭！
啊？你这又是什么逻辑啊？

原来你不知道啊。野百合（连翘）也是韩国的特有品种。
真的吗？我还是头一次听说。

我这个名字取得不错嘛。哎，真是的，我就说啊，我做什么都那么棒！
唉，无语……

不管怎么说，你起的名字还是值得认可的。百合啊，叼住这个！
嗖！
汪汪汪！

啊！
当啷……

快跑！
汪汪汪！

迎春花——连翘

春天的脚步最先到达的地方是南方，紧接着以每天30千米的速度北上。早春时节，山茱萸最早盛开，之后玉兰、连翘、杏树、金达莱、山踯躅（俗名映山红）依次盛开。如此看来，大自然中的万物也有自己的先后顺序。

连翘盛开的季节还算比较早，所以被称为“迎春花”。到了4月，无论是在城市、山峰还是在其他向阳地，我们都可以看到开得热闹的连翘花。连翘开花对温度较为敏感，所以即使是地处同一地区，首先开花的也是那些长在向阳位置的。这也就说明那些地方的春天来得比较早。

连翘茎秆笔直、树梢下弯，因此多作为观赏树或篱笆围墙种植。此外，大家是否曾看过连翘的果实？连翘也属于被子植物，所以树枝上也会结果，只是看到过它的人不是很多。这是为什么呢？连翘的种子虽然也会发芽生长，但它却有着“发芽不完全”的特性。不过，如果通过压枝或插枝栽培它的话，它便会繁殖茂盛，只是这样就不会结出果子了。如此尽力繁衍子孙的连翘真是了不起！

连翘	学名：Forsythia koreana	种类：龙胆目木樨科，落叶阔叶灌木

别名： 迎春花

英文名： golden bell

花： 4月份盛开在叶腋处。花瓣共4片，属于合瓣花。雌花和雄花一起盛开。

叶子： 叶对生。椭圆形叶子的边缘部分有锯齿。

果实： 蒴果。9月份，长长的鸡蛋状果实成熟，呈褐色。果实被称为“连翘”，可作为药材使用。

与连翘相像的花——卵叶连翘

卵叶连翘生长于像雪岳山山涧那样的山谷地区，没有连翘那么细长，而且叶子的边缘部分也没有锯齿。卵叶连翘也是韩国的特有品种。

通过植物学习常识

还有一种与连翘极为相似的植物，那就是卵叶连翘。说到这儿，有一点是需要大家特别谨记的。那就是，连翘的学名为Forsythia koreana，就是说它是韩国的特有品种！它原本是仅生长于韩国的特有品种，其他国家是没有的。如今，生长于世界各地的连翘都取自韩国。

关于花类植物的

知名故事

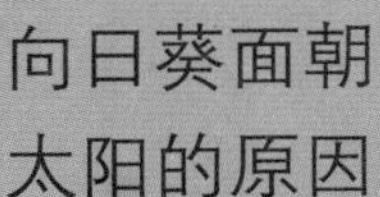

向日葵面朝太阳的原因

虽然个儿小，但没有比半枝莲更强大的花

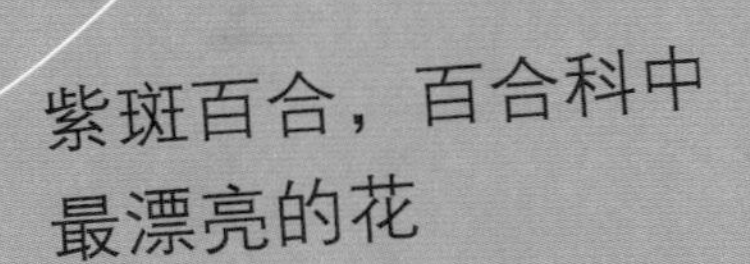

紫斑百合，百合科中最漂亮的花

东方的优雅和西方的骑士精神同时兼备的溪荪的秘密

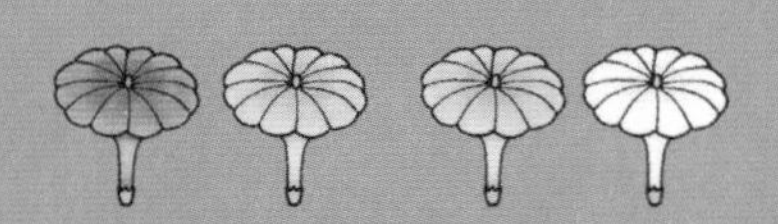

红花、粉红花、白花等多色胭脂花的遗传秘密

碰它了，流血了，血止住了，大蓟的自然生存法则

向左缠，还是向右缠呢?
葡萄植物的法则

紧贴大地才能生存
的蒲公英的作战

能够检测是否有放射性
物质泄露的高手——紫露草

百合，百合，紫斑百合

知识搜索：1. 只在夏天盛开的紫斑百合

2. 吸引凤蝶的紫斑百合

什，什么啊这是？
这个茎上面沾着的
这些东西！是……
是虫子吧？

嘿嘿嘿，有什么可怕的，
紫斑百合不易结果儿，所
以才在叶腋的位置长出了
珠芽，最后掉落在地上。

你说像虫子
的那个就是
珠芽，珠芽。
珠芽？

噢，神奇，真神奇。
能给我点儿吗？
我也回家种种试试。
好。

多谢了，因为
你，我又多了
一个好的爱好。

玛鲁，你又
在玩土啊？

嗯，小叔。
我想观赏紫斑百
合花，所以在种
珠芽。

紫斑百合花只
在夏天开，你现
在种，是想干什
么呢？
啊，对啊，
马上就是秋
天了啊。

吸引凤蝶的紫斑百合故事

百合科中的很多品种都是我们熟知的植物。百合、郁金香，以及忘忧草、兰铃、韭菜、野蒜、大葱、大蒜、洋葱等都属于百合科。这些植物都是单子叶植物，所以它们的叶子是平行脉。此外，它们也长有鳞茎般变形的茎秆。

紫斑百合的茎也来源于地下茎之一——鳞茎。不过神奇的是，在紫斑百合茎的叶腋处长着一个又一个的深褐色珠芽。这些珠芽长得像佛珠，又像黑珍珠，会落地发芽。因此，紫斑百合虽然可以通过种子繁殖，但珠芽的繁殖作用还是占了很大比重的，据说它们主要是聚拢在同一区域生长。常言道，如果紫斑百合开得尤为茂盛，那么当年一定是丰收年。因为这代表当年的日照量大。

在我们家放大酱坛子的台子附近，紫斑百合开得特别茂盛。又粗又大又胖的茎秆你争我抢地破土而出，一天天地茁壮成长。终于，茎秆上开始长叶子。长得最高的茎尤为高俏，笔直向上的姿态真是生气冲天，傲气又自信。叶子互生，越向上生长就越小，最后叶子停止生长，相反在茎秆顶端却先长出了花蕾。它开花的样子是那么耀眼。如果它不够漂亮，又怎会被说是百合科中最漂亮的呢？紫斑百合花瓣像风轮一样后卷，在它赤黄色的花上有老虎纹斑点。若再赶上某一天麻雀大小的凤蝶在它周围翩翩起舞，那便真成了一幅东方画。

紫斑百合　学名：Lilium lancifolium　种类：百合目百合科，多年生草本

别名：百合，虎皮百合，矮百合

英文名称：tiger lily

花：7~8月，朱黄色的喇叭状花朵低头盛开。花瓣上有紫色花点儿。开花前的花蕾呈长长的鸭脚状。

叶子：叶互生。锉刀模样的叶子在主干上聚拢生长。

果实：蒴果。9月成熟。

与紫斑百合相像的花——忘忧草

一般人很难区分紫斑百合和忘忧草。忘忧草与紫斑百合一样，叶子不长在茎上，而是在地上相互拥簇着生长。不过，忘忧草的花茎伸长，花朵便长在花茎上。忘忧草的花瓣与紫斑百合一样，共6瓣。如果说紫斑百合花是低头盛开的话，那么忘忧草的花儿就可以说是昂首挺胸，向天空方向生长的了。

通过植物学习常识

百合科的花包括紫斑百合在内，还有红百合、轮叶百合、叶条百合、垂花百合等诸多品种。百合科的花都属于合瓣花，花冠分成6瓣。这里说的花瓣的“6片”是3的倍数，这样我们只需要看花瓣的数目便可以看出它属于单子叶植物。植物世界的统一性也是非常清晰明了的，所以把它们的特性归纳到一起，然后进行分类的学科就是植物分类学。

小叔的画图游戏

知识搜索：1. 长相如刀的艳丽溪荪

2. “毛笔花”的由来

我没见过
那张牌啊。

嗯，大家都把它叫作兰花，
不过长得和溪荪（韩文为“毛
笔花”之意）一模一样。
毛笔？

嗯，这样？
美术毛笔
不是。

那是这
样的？
漆刷
也不是。

啊，小豆子
叼着呢。

来看，这个
溪荪长花蕾
的时候看起
来就像毛笔
一样。
汪
汪

盛开的花就
是这样吗？

玛鲁啊，你刚才
不是在看漫画电
影吗？
!

啊啊啊，净顾着
看画图，都把漫
画电影错过了！
您正在收看
的是《6点
新闻》。
新闻
哈哈哈

长相如刀的艳丽溪荪

单子叶植物溪荪广泛分布于世界各地。鸢尾科植物包括我们熟知的唐菖蒲、香根鸢尾、燕子花、山鸢尾等。花的颜色虽然根据种类的不同可以分为宝石色、红色、黄色等多种，但其中最多的还是宝石色。

溪荪的6瓣花瓣分为外3层和内3层。外3层叫作外花被片，内3层叫作内花被片。外花被片形似倒置的鸡蛋，比内花被片更大更宽，而内花被片的紫色叶脉清晰明了。

不同种类的外花被片因花纹和颜色各不相同而起到招蜂引蝶的作用，虫子飞来坐在里面刚刚好。特别是到了春天花朵盛开，蚂蚁们便都聚集在花瓣周围，寻找花蜜。洋兰的外花被片位置特别像雌蜂的生殖器官，所以雄蜂会飞到这里，用尾巴来回骚动，帮助花朵授粉。真是些头脑聪明、反应灵敏的植物！

溪荪	学名：iris nertschinskia	种类：百科目鸢尾科，多年生草本

别名： 东方鸢尾

英文名称： iris

花： 5~6月，在花茎顶端盛开2~3朵，呈宝石色。3瓣内花被片朝上直立生长。

叶子： 叶互生。长长的叶子直立生长，无明显突出的叶脉。

果实： 蒴果；7~8月果熟。果实低端外裂。

与溪荪相像的花——香根鸢尾（又名花菖蒲）

虽然香根鸢尾与溪荪非常像，但是它的花要比溪荪大，而且宝石颜色也要更深一些。还有一点不同的就是，香根鸢尾外花被片里的花纹呈黄色，与生长于水边的菖蒲相似，所以取名为花菖蒲。虽然过去用来洗头的菖蒲作为天南星科植物，叶子与香根鸢尾形似，却是属于与香根鸢尾完全不同的品种。

通过植物学习常识

如果大家仔细观察溪荪的小花蕾，便会发现它特别像一支宝石色的毛笔。而如果看到法国国花——鸢尾科香根鸢尾，看到它蓬勃伸展的叶子，便会让人联想到勇士们的宝刀。

紫露草与鸡冠风波

知识搜索：1. 自我感知放射性物质的神秘紫露草

2. 被称为“鸡肠草”的鸭拓草

请您培养培养推理能力吧！因为它和我们长得像，所以才取名为“鸡肠草”（紫露草俗称）的嘛。

是……是吗？这个花是从什么时候开始长在这儿的呢？哎哟。

不行。大家都给我听着！从今天开始，鸡场周围的巡查工作直接由我来负责。

扑棱

扑棱

嘿嘿嘿，首领是觉得丢人才说这番话的！

自我感知放射性物质的神秘紫露草

紫露草属于鸭跖草科植物。此外，鸡肠草、竹叶子等也属于这一类，并且它们都是单子叶植物。说到它们，人们首先注意到的是它们的名字。鸡肠草又名鸭跖草。

虽然鸡肠草指的是“长得像鸡肠子的草”，但其实是因为它长有形似鸡冠的花瓣，并且具有“多生长于鸡场附近”的特性，所以才得名“鸡肠草”的。这些植物的茎是分段儿的，趴在地上随意蔓延生长。它是一种生命力顽强的草，无论在什么地方，一旦茎秆碰地，便会扎根生长。所以它在散发着鸡屎味儿的鸡场附近也必然会生长茂盛。

紫露草外形和颜色与一般的鸭跖草有所不同。像蓝色蝴蝶的鸭跖草的花为天蓝色，但紫露草却是紫色，而且外形更大。不过，二者都属于单子叶植物，因此花瓣都是3个。紫露草上长出来的6个雄蕊茎长满青瓷色细毛。这些毛如果排成一排，我们便能轻松地观察到细胞原生质的流动，所以它常被作为植物学的实验材料使用。

紫露草 | 学名：Tradescantia reflexa | 种类：鸭跖草目鸭跖草科，多年生草本

别名：洋紫露草，紫鸭跖草

花：5~8月，带蓝光的紫色花朵聚拢在茎秆的顶端开放，朝开夕落。

叶子：叶互生。与其他单子叶植物的叶子一样，形似窄小的锉刀，带有平行脉。叶子下端较宽，拥簇着主干生长。

果实：蒴果。9月果熟。

鸭跖草科的另一类植物——鸭跖草

7~8月，鸭跖草的天蓝色花朵盛开，上面带有3个花瓣，其中的2个呈天蓝色且又大又圆，剩下的1个为半透明的白色且外形较小。整体看起来，就像是竖着两只耳朵。由于它在田地里生长得过于茂盛，所以多被看作杂草。此外，它也叫“鸡肠草”。

通过植物学习常识

紫露草的花如果被暴露于放射性环境下，它的雄蕊茎上的毛细胞便会发生突变。于是，紫色就会变成粉红色或半透明的白色。所以在确认周边核能设施是否存在放射性物质泄漏问题时，多使用紫露草。它发生突变的概率与人体细胞相同，因此它扮演环境监测先锋的角色，用于代替人体检测放射性物质对人体的影响程度。

向日葵和情书

知识搜索：1. 面朝太阳的向日葵

2. 面朝月亮的月见草

向日葵一颗红心
向太阳，思念思念！
等待热情的太阳，
从春天到秋天！

哇，真是让我刮目相看啊，小叔。这么好的诗……太感动了！
一般一般。

向日葵花总是面朝太阳嘛！想到这一点，我就马上写出来了。
对，对
我给您按摩肩膀，让您舒服舒服。

……！
瑟瑟
瑟瑟
怎么样，老师，写得不错吧？我认真学习，查阅《百科辞典》，然后写出来的。
狠狠地揪
学习什么啊学习！向日葵只有在7~8月才开花！
哎呀！

还有，前几天你小叔给我写信，说是他的心意。你这首诗和那封信的内容一样。知道了吗？
哼哼哼

小叔！
呼哧
呼哧
嘿嘿
他知道真相了？
至我的爱，苏子叶小姨

向日葵为什么只面向太阳？

个头儿比人高、脑袋和盘子一样大的向日葵是菊科双子叶植物。菊科植物中还有诸如蒲公英、菊花、大波斯菊等我们熟知的美丽花种。后面，我们还将继续学习这些不仅花朵相似，甚至连播种方式都很相像的菊科植物。看完本文后，大家也可以紧接着阅读后面关于蒲公英、大蓟、鬼针草的故事。

花像植物长的脑袋，所以菊科植物被称为“头状花”。这代表在茎秆的尖儿上孤零零地只长了一朵花。然而，在向日葵头状花的周围一圈却布满了四十多片金黄色大花瓣，也就是大家在画向日葵的时候画在最边上的那些花瓣。这些花瓣看起来像舌头，所以被称作舌头花。取舌字，也被称为舌状花。这个舌状花虽然漂亮，却有无法结种的不孕特性。在向日葵花内侧明显突出的圆

盘位置长满了不起眼的小花。那才是会结种的真花——中心花。同样，蒲公英也是中心花结种。

开花的植物中70%左右都是雌蕊和雄蕊长在同一朵花上。这叫两性花。请大家先记住这一点。简单地说就是雄雌蕊长在一起，这不难理解吧？

请大家摘一朵中心花仔细观察！花下面装满种子的子房呈正圆形，此外大家还会看到子房上面长着雌雄蕊。花瓣、雌蕊、雄蕊都在里面吧？还有，那个小花呈长筒状，因此叫作筒状花。正因为它是这样生长的，所以属于合瓣花。向日葵中心花太多，所以这些中心花在授粉后便会长出很多种子。这样看来，种子的个数也就是中心花的个数。

然而，为什么在最外圈环绕着那么大但又不会结籽的舌状花呢？这是用来吸引昆虫的。中间的中心花小且丑，所以蜜蜂和蝴蝶必然会视而不见，甚至都不知道这些花的存在。这算是一种利用周围开满类似于花的假花吸引昆虫的战术。你说只有向日葵长这些毫无用武之地的假花？错，属于菊科的菊花、蒲公英、大波斯菊，还有我们食用的齿缘苦荬菜和野荠菜都是这样的。

到了秋季结果的时候，舌状花全部凋零，中心花的种子便会长成。大的中心花的种子多达2 000粒左右，数不胜数吧？但这些种子中能够发芽的却没有多少。

通过它的名字也能知道，向日葵具有面向太阳的特征（向光性）。任何一种植物都具有叶子和茎朝太阳方向生长的向光性。日照方向的叶子和茎的细胞分裂速度慢，而背阴面的细胞分裂快，所以植物自然就向太阳方向弯曲了，这在前面的“玉兰”部分已经说过了。这是一种周日运动，是发生在每天特定时间的周期性反应。只在日落时盛开的月见草、清晨开放的牵牛花，还有到了晚上叶子便会蜷缩一团的含羞草的睡眠运动都属于这种情况。

直视太阳生长的话，不仅光合作用量增大，而且还能为花加热，这样昆虫就更无法认出真花的本来面目了。再加上与其他植物相比，向日葵生长速度较快，所以它一到晚上便能匆忙地把头转回正东方向。凌晨便已到达的向日葵先生，正在等太阳的到来吧！向日葵全天都跟着太阳走，原来都是它为自己打的小算盘啊！

如果大家了解了它们的来历，是不是会不仅仅因它们的美丽而观赏，而会更高看它们一眼呢？这就是“知识的乐趣”。日益衰老的我也是从未感受过比学习更幸福的事情。因此，哪怕是一个小知识，我也一定要学到。一位诗人曾说过这样一句话：“如果我们呼唤它们的名字，即使是小草，也会朝我们奔来。”我了解你、见到你很高兴……如果这样表达我们的喜爱之情，那么我想，朝各位点头的向日葵也会拔根而起，喜出望外地奔跑过来吧？

向日葵	学名：Helianthus annuus	种类：菊目菊科，一年生草本

别名：向日花

英文名称：sunflower

花：8~9月，开黄花。

叶子：叶互生。宽大，呈心脏形。叶子边缘处有锯齿。

果实：瘦果（一个果实里有一颗种子）。果实带黑色条纹。到了10月成熟之时，果实的种子还可以用来榨油。

面朝月亮的花——月见草

月见草属于来自南美大陆的归化植物。7~9月开花，在茎秆顶端的每个叶腋处单朵开放，花期较长，可长时间观赏。日落时花开，早上太阳升起时花落，所以名为月见草。它也是向光性的例证。

通过植物学习常识

开花繁殖的花类植物中，双子叶植物又可以根据花的外形分为两大类，即合瓣花和离瓣花。合瓣花如其名所示，就是指花瓣聚在一起。大家想一下桔梗、牵牛花等就知道了。此外，仔细观察连翘、牵牛花，可以发现它们也是花瓣下端贴在一起的合瓣花。离瓣花的每片花瓣都是相互分开的。仔细数的话，会发现这些双子叶植物的花瓣片数为4和5的倍数。而我们前面曾提到，单子叶植物的花瓣片数为3的倍数。

蒲公英作战的真相是什么？

知识搜索：1. 降落伞的由来

2. 蒲公英种子的秘密

蒲公英是双子叶植物，属于菊科，是多年生草本植物。
蒲公英的茎含有一种极苦的液体……
所以？
嗯？
你这就是抄袭了植物图鉴的内容啊！你觉得，你这个报告对把握敌国的作战有帮助吗？嗯？
啊，是……是吗？
唉，气死我了。
嗡嗡嗡嗡嗡
将军，敌人打进来了。
啊，这么快？
全体出动！
啊！
原来是这样，所谓的蒲公英作战。
啊，这个我也调查到了。蒲公英的种子就像降落伞一样向外飞散！
完了！

土生土长的蒲公英都去哪儿了呢？

蒲公英花轴极短，花萼向下弯曲生长。蒲公英之所以花轴短，是因为草地不断被修整，长花轴不断被截断，最后就只剩下短花轴了。

摘下内含圆形带毛种子的蒲公英，呼地一下吹散，然后便有很多“降落伞”四处飞落。大家应该有过这样的经历吧？那么你们是否也曾数过上面的种子数呢？我曾经亲自数过，发现少的有50多个，多的则有120多个。蒲公英就是因为长着这些“降落伞”，所以才能飞到远方的。模仿蒲公英而发明的东西就是降落伞。

柔软的绒毛由花萼碎块演变而成，形似斗笠，所以取名斗笠毛（冠毛）。狼把草或鬼针草的果尖儿上长着几根麦芒似的毛须，而蒲公英却在相应的位置上长出了毛儿！枫树长着风轮翅膀……“各种各样、丰富多彩”这样的话就是用来形容它们的吧？

蒲公英的茎折断后，便会溢出乳白色的汁液。这是一种叫作菊粉的碳水化合物，味道极苦。此外，蒲公英幼小的叶子可以做菜吃，根部可以熬药喝。在蒲公英旁边低着头的艾草将在下一章和我们见面。

西洋蒲公英 | 学名：Taraxacum officinale | 种类：菊目菊科，多年生草本

英文名： dandelion

花： 3~9月，每个花茎开一朵黄花。

叶子： 叶簇生。叶子在地上聚拢生长，沿着地面向四周蔓延。像翅膀羽毛一样分裂开。

果实： 瘦果。带毛儿，可以随风飞到远方。

叶子紧贴地面生长的莲座状植物

蒲公英、荠菜、月见草、白屈菜、齿缘苦荬菜、野荠菜等都是叶子紧贴地面生长的植物。它们尽可能地像玫瑰花一样呈圆形、紧密地重叠排列成一个圆形坐垫。这样的外形叫作“rosette”。这种形态是为了冬天能够尽可能地获取大地的温度。

通过植物学习常识

有“像蒲公英种子一样，乘强风远飞他方”这样的歌词。可能因为这句歌词，人们时常会使用蒲公英种子这样的表达。对此，大家不要完全相信。这里的“种子”指的不是像蒲公英这样雌蕊和雄蕊相遇而产生的种子，而是指霉菌、蕨菜等通过无性生殖而独立产生的种子。换句话说，它叫作孢子。

害人，赠药，又赠野菜的大蓟

知识搜索：1. 多种用途的大蓟

2. 被称为“酪酊菜”的大蓟叶子

过来止血吧。
啊！

这个是晒干的大蓟吗？

你是在和我开玩笑吗？我现在看都不想看大蓟一眼。
怎么能说是开玩笑呢？

我偶然听说，这个茎和叶子用来止血特别好。
当
当
当

凝固吧，血，凝固，快凝固。
啊，可以吗？这不就是又害人又救人的植物嘛！
给我试试！
啪

不仅仅是提供药材，还能做吃的呢。
这又是什么意思？

大蓟的嫩芽还可以拌凉菜吃呢。
嗯，是吗？还可以吃的话，那我就不该讨厌它了。
不愧是对食物毫无抵抗力的熊啊。

带刺儿耙子的大蓟

在山野地区生长茂盛的大蓟茎秆挺立，叶子边缘及其全身上下长满尖刺。因无法用手触摸，所以我们可以毫不夸张地称之为“刺儿菜”。之所以加上“菜”字，是因为早春时节的大蓟幼芽可以用来做菜。

为什么植物的叶子、茎，乃至花上都长满刺儿呢？玫瑰花、刺槐上也同样长满了刺儿。不用说，这是它们自我保护的一种防御装置。只不过，玫瑰或刺槐的刺儿是由茎演化而来，而仙人掌的刺儿是由叶子演化而来的。这种演化根源不同但功能相同的现象叫作非同源相似。相反，叶子演化而来的豌豆卷须和仙人掌的刺儿虽然演化根源相同，但功能完全不同，这种现象叫作同源。不论是非同源相似还是同源，这都是生物为了在自然中生存而出现的适应现象。

大蓟 | **学名：Cirsium japonicum** | **种类：菊目菊科，多年生草本**

别名： 刺儿菜

花： 6~8月，紫色花朵盛开，每个茎上只开一朵。

叶子： 叶互生。椭圆形羽毛状，有多个分叉。叶子边缘部分有锯齿，且带有又硬又锋利的刺儿。

果实： 瘦果。9月果熟。像蒲公英一样带毛儿，飞到远处播种。

与大蓟相像的植物——牛蒡

牛蒡是原产于欧洲的归化植物，牛蒡个头高大，高度通常可达一米多，笔直的根部可向下延伸30~60厘米，在栽培植物中属于扎根最深的种类。长长的根须可用来炖着吃，叶子焯水后可以包饭吃。该植物夏季开花，花的颜色、外形和大蓟一样。

通过植物学习常识

中医认为大蓟性味甘、凉，有凉血、止血、祛瘀、消痈肿的作用。据研究，大蓟对降低血压有良好的功效。

喇叭花和地瓜花长得一样

知识搜索：1. 有着“清晨殊荣”的喇叭花

2. 全寄生植物的菟丝子

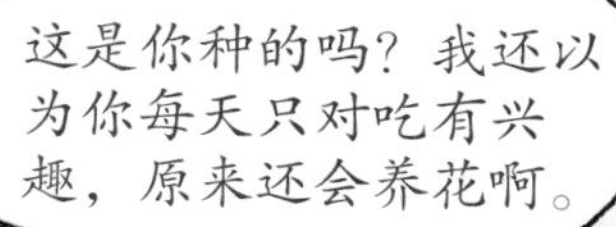

这是你种的吗？我还以为你每天只对吃有兴趣，原来还会养花啊。

哼，别搞笑了。

喇叭花又不能吃，养它干吗啊？我们家的家训是“吃好才能生活好”。

那这是什么啊？和喇叭花长得一样啊。
那是地瓜，地瓜呀！
哐当

地瓜也开花吗？我从来没见过呢……

地瓜不怎么开花，所以才不常见。因为它开花，根部就会变弱。

喇叭花是这盆。

不论是喇叭花还是地瓜，它们都属于旋花科，彼此是亲戚关系。所以说地瓜花和喇叭花长得差不多。
唐根，没想到你知道的还挺多嘛！

清晨的殊荣——喇叭花的故事

有一种花在其他生物都还未起床的清晨默默盛开，而过了正午又会蜷缩在一起。因此英语里把它命名为“清晨的殊荣”（morning glory），这种说法真是太贴切了。它就是喇叭花。

喇叭花的茎不能直立，需缠绕在其他东西上生长。它的茎秆上密密麻麻地长满了面朝下的毛儿，所以缠着其他东西时不容易解开。此外，它在缠绕时，一定是从左向上缠绕。大部分匍匐植物和人用右手一样，都是向右缠绕的，可包括刀豆在内的豆科植物和旋花科植物却是向左爬藤。每种植物爬藤的方向各不相同，有的左卷，有的右卷。它们是不依靠着其他物体爬藤便无法生存的植物，所以我们得给它们插些向上爬藤的竿子。

喇叭花就像喇叭咧嘴笑，很漂亮，在路边、空地到处都能看到它的身影。这是每年秋季从豆荚里蹦出的种子落在地上，经受寒冬洗礼后努力发芽的结果。

比喇叭花小的长裂旋花也是旋花科的代表性植物。我们吃的地瓜也属于旋花科植物。秋季，在地瓜地里看到地瓜花，大家会大吃一惊，感叹道：啊！这不是“小喇叭花”嘛！

喇叭花	学名：Pharbitis nil	种类：茄目旋花科，一年生蔓草

别名： 牵牛花

英文名： morning glory

花： 7~8月盛开，有紫色、白色、红色等多种颜色。形似漏斗，是典型的合瓣花。

叶子： 叶互生。圆形心脏状，叶片根部通常分裂成3个。

果实： 蒴果。9月成熟，呈黑色。

旋花科的全寄生植物——菟丝子

旋花科的蔓草——菟丝子无叶绿素，因此无法独立进行光合作用。菟丝子种子发芽生长后，爬到其他树木上，吸收宿主植物的养分生存。它属于全寄生花类植物，同时却可以开出钟状花朵，甚至还可以结果。寄生生物具有营养器官退化、生殖器官发达的共同点。

通过植物学习常识

葛藤和藤条都属于豆科植物，可谓是“堂兄弟”关系。葛向右缠绕，而藤向左缠绕。可是如果把葛和藤种在一起，二者便会不着边际地拧在一起。

凤仙花汁与初雪

知识搜索：1. 涂指甲的凤仙花

2. 凤仙花变色的秘密

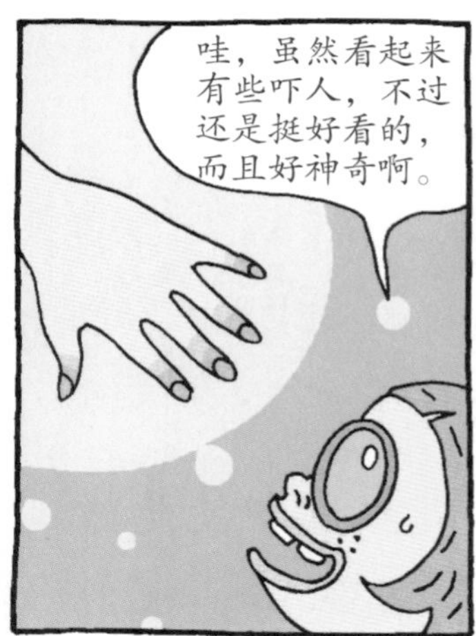
哇，虽然看起来有些吓人，不过还是挺好看的，而且好神奇啊。

凤仙花汁涂在手指甲上，一直等到下第一场雪，就会爱情成真。
真的吗，真的吗？

我也要涂，给我也涂一下。我也要！
一根手指1元。

几天后，在马露家

呜呜呜，姜马露！你得负责，我彻底受伤了。

啊，到底发生什么事了？
哆哆嗦嗦

我男朋友看到我涂了凤仙花汁的手指，哼！我都说不出口。
你把马桶盖放下来的时候压到手了吗？手指怎么都青了？
哐！
噗
就是发生了这么一幕。
我想把手指甲都拔掉！
忍耐，忍耐！

涂指甲的凤仙花的秘密

在中国，人们看到凤仙花，觉得它在茎和树枝之间开花的样子像凤凰，所以为它取名“凤仙花”。

凤仙花的原产地是印度。凤仙花的果实一成熟，即使是徐风吹来，果实外壳也会像豆荚皮一样弹开，接着种子从中蹦出。不过令人吃惊的是，凤仙花的花语竟然是“不要碰我”（don’t touch me）。

在笔者小时候，女孩子们无须其他指甲油，只要有凤仙花就行了。摘满满一堆红色凤仙花，然后把它放入盛放白矾粉的研钵捣碎，最后抹在指甲上，这样指甲便会被染红了。现在，让我们一起用凤仙花花汁做一个别的试验吧。

首先，我们摘一大把凤仙花花瓣。此时，大家会看到它的花瓣是分开长的。据此，我们可知它与喇叭花不同，属于离瓣花。我们用上文中的方法榨取花汁，然后通过过滤纸将其倒入试管，之后滴入几滴稀薄的甜米酒。我们会发现，试管中的液体瞬间变红。虽然这是在试验室里才能完成的，但在这里我们也来谈一谈。如果在试管中滴入少量氢氧化钾，液体则会变成天蓝色。变红、变蓝，应该没有比这更神奇的魔术了吧！据此，我们可知花汁遇酸性物质变红，遇碱性物质变蓝。那么这个花汁里到底含有什么物质，才会这么变化无常呢？原因就是它里面含有花色素。

凤仙花 | 学名：Impatiens balsamina | 种类：无患子目凤仙花科，一年生草本

别名： 小桃红

花： 6月开始，在每个叶腋位置盛开2~3朵。花朵面朝下低头开放。不同种类可以开出红、粉红、朱红、紫、白色等不同颜色的花。

叶子： 叶互生。叶子呈椭圆形，边缘处有锯齿。

果实： 蒴果。8~9月成熟。在带毛的豆荚状外科内有10余粒种子。

与凤仙花相像的花——水凤仙花

外形与凤仙花相似，主要在山谷、水边、湿地地区成群生长，因此得名水凤仙花。8~9月，紫色的花朵盛开，从正面看就像是野兽张着嘴的样子。

通过植物学习常识

把剪断的凤仙花的茎秆插在掺有红色或蓝色墨水的水瓶里的话，便可以很容易地看到茎秆被染色的现象。传输水分的管道叫作导管，叶子里传输养分的管道叫作筛管。这个实验中，吸取水分的是凤仙花的导管。树木的导管穿过坚硬的树木内部，而筛管则位于外皮中。导管和筛管统称为维管束。

堇菜与燕子长得像吗？

知识搜索：1.堇菜的双面脸

2.多色堇菜的秘密

你不知道这个花的名字吗？大家看到这个花都叫它“燕子花”嘛。燕子花！
啊！是吗？我除了兔子草（中国的白车轴草）以外，其他的都不认识。

每到我回来的时候，它一定会开花，所以人们才为它取了这个名字的。
簌簌
花的名字还有这么深的内涵啊。

猛地抓住
啪！
啊，吓我一跳！

吓到你们了吗？对不起……
大熊，你为什么摘花啊？你不是有很多吃的吗？贪心鬼！

对不起。我已经拉4天肚子了。
咕噜噜
那和这个花有什么关系？

据说，堇菜对腹泻特别管用。
所以，你就饶过我这次吧！
真的？

嗯，真是没有不能做药的草啊。
可是，难道你就不能不让大家都看到你擦屁股的痕迹吗？
嗯？

报春植物堇菜的双面脸

堇菜遍布全球，不仅品种种类多，名字各不相一，甚至连颜色都是丰富多彩。

阴历三月初三前后，堇菜的花朵便会悄然盛开。大家说它是在下江南的燕子归来之时开花的草，所以为其取名“燕子花”。此外，它是向人们报春的花，所以又称作“鸡雏花”。

堇菜花一般呈带有深红色的紫色，5片花瓣中面朝下的花瓣就像雄鸡爪子后面突出的脚趾部分，那就是蜜囊。据说，把蜜放在这里面极好。凤仙花也有长成这样的花瓣。正因如此，蝴蝶、蜜蜂才像到了自己家一样进进出出吧。这些昆虫帮助花授粉，等到了堇菜果熟时，种子便会像豆子或凤仙花种子一样啪啪蹦出来，弹到四面八方。

堇菜 | 学名：Viola mandshurica | 种类：侧膜胎座目堇菜科，多年生草本

别名： 长寿花，戒指花

英文名称： violet

花： 3~4月，叶子中间长出花茎，在每个花茎顶端开出一朵偏向旁边的紫色花朵。

叶子： 带有长枝干的叶子从根部长出，然后密密麻麻地朝地面周围扩散。

果实：蒴果，7月成熟。

白、黄色、宝石色堇菜的秘密

宝石色堇菜花呈碱性，金达莱等带有红色的植物则呈酸性。花色素遇碱性呈现天蓝色系的颜色，遇酸性呈现红色系的颜色，而黄色的花朵则是因为内含大量类胡萝卜素（叶红素和叶黄素）色素，所以才呈黄色的。至于白色的花朵，它不含任何色素，而是因为花瓣的细胞之间充满了空气，在阳光照射下发生散射现象，所以最终呈白色。

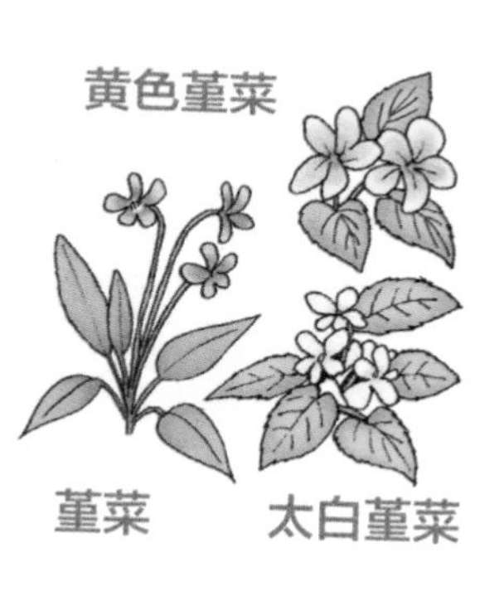

通过植物学习常识

从山野之中分布的野生品种，到品种改良后的园艺品种，堇菜品种繁多。其楚楚动人的花姿深受人们的喜爱，有时还存在同一名称的堇菜类植物花色各异的情况。

很久很久以前，化妆的时候

知识搜索：1. 被称为“魅力女性们的好朋友”的胭脂花

2. 胭脂花颜色的遗传法则

噢，太好了！
我也得去弄一些。
嗒嗒嗒
快点儿去找
胭脂花吧！

少爷，不着急，慢慢来。
胭脂花是晚上开花，所
以您吃了晚饭再去找，
会更好找。
停住脚步！

好嘞，把胭脂花
种子捣碎……
咚咚咚咚

美美地涂在脸上，
啊哈！快乐的约会，
走起。啊哈！
扑
扑
扑

哎！哎！那个少爷
有些奇怪，是不是？
Hi。
天啊。
好吓人啊。

魅力女性们的朋友——胭脂花的故事

胭脂花的原产地为热带美洲地区。它在那里原本和辣椒一样属于多年生草本，但到了北方，因不能过冬而变成了只能生存一年的一年生草本。

大家在学到遗传法则时，胭脂花一定会出现，即又高又红的胭脂花和又矮又白的胭脂花交配后会开出什么颜色的花的问题。这个问题是遗传学者们用胭脂花研究出来的内容，因此请大家仔细观察胭脂花。

胭脂花与早开晚谢的喇叭花正好相反，日落时开，次日早晨凋零。如果你曾尝试用凤仙花美甲，那么就再来挑战一下胭脂花耳坠儿吧。摘下整朵胭脂花，把像蓝色花萼的部分一直向外拽，雌蕊茎就会被拉出来，而雄蕊则会留在里面，这样就做成耳坠儿了。把圆圆的子房插入耳眼儿，这俨然就是一个天然饰品。如果你知道子房日后长大了会变成果实，那这就真成了一个生态游戏了。

胭脂花种子内部是白色的，所以过去的人们把胭脂花种子捣碎，作为女人的化妆品使用。正因如此，人们才将其命名为带有胭脂粉的花吧？当时，不仅是胭脂花粉末，人们还把大米粉或小米、绿豆谷物磨成粉涂在脸上。

胭脂花 | 学名：Mirabilis jalapa | 种类：石竹目紫茉莉科，多年生草本

别名： 粉花，脂粉花

英文名称： four o'clock

花： 9~10月，每根树枝顶端开3~4朵花。红、粉红、黄、白等颜色多样，花瓣上偶尔也会出现条纹。

叶子： 叶对生。呈鸡蛋状，边缘处细长笔直。

果实： 瘦果。弹球状。10月，黑色果实成熟。

胭脂花颜色的遗传法则——不完全显性

显性和隐形交配，下一代只呈显性。这就是孟德尔的显性法则。不遵守该法则的植物之一就是胭脂花。纯种的红色胭脂花和白色胭脂花交配，最终出现的不是红色，而是红白的中间色——粉红色花朵。之后的下一代出现红、粉红、白色的比率为1：2：1。

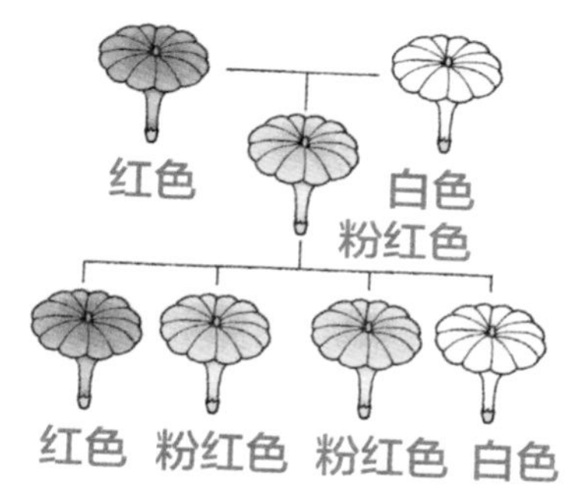

通过植物学习常识

以花期为中心，我们把花分为春花、夏花和秋花。胭脂花虽然和月见草一样，也具有日落花开的特征，但它却是和菊花一样秋天开花的代表性植物。春、夏季盛开的花是要有足够长的日照时间才能盛开的长日花，相反日照时间短才能开花的叫作短日花。这就说明日照时间的长短对开花有着重要的作用。

花圃里的半枝莲正开得茂盛

知识搜索：1. 喜欢炎热气候盛开的半枝莲

2. 半枝莲个头矮小的秘密

提前在自己的体内储存足够的水分，以留后用。即使是个子小，但是能做到这样，也算是适应能力极强了吧？
真的啊！

偷瞄

唐根啊，它和你一样啊！男孩子个子这么小，还喝那么多的水……
噗

我又没招你，你为什么招惹我？
嘻嘻嘻，开玩笑，开玩笑的！
好，那我就来摘一朵半枝莲花……
啪

小姨！你怎么能残忍地把半枝莲的茎折断了呢？
嗒嗒嗒
哈哈哈，别担心！

小姨又不是没养过花。即使是这样把折下来的茎插在地上，它也能扎根。你们要不要也尝试一下？

都长果实了，真了不起啊！
漂漂亮亮地成长吧！

个头矮小的半枝莲的秘密

半枝莲原产于南美，而喇叭花、大波斯菊、向日葵、鸡冠花、胭脂花等一直生长在我们身边的花儿大部分也都是从国外引进的。

半枝莲不到20厘米的小个子上顶着一个大脑袋，大脑袋上开着形形色色的花儿。这个样子特别像杨贵妃，美极了。不过，如果你想看它绽放的样子，便只有在光照强的白天了。它只在晴朗的白天盛开，在太阳还未落山前便已悄悄合拢。

半枝莲一直生存在炎热地区，它喜欢干燥的土壤环境和夏季的炎热气候。摘下一片半枝莲叶子，仔细观察便会发现其中的缘由了。茎上有红色经络，枝干大多朝周围裂开，而且又圆又粗，因存有大量水分而不易干枯。哪怕是日照极强的夏日，它也能坚持下去。其中的秘密原来藏在茎上啊！此外，即使折下茎，埋在土里，它也能长出假根，继续生长。这种叶子和茎干藏有发达的储水组织的植物叫作多肉植物。

半枝莲 | 学名：Portulaca grandiflora | 种类：石竹目马齿苋科，一年生草本

别名： 土地花

花： 7~10月，每个茎干顶端开1~2朵花儿。花色包括红、黄、白色。主要为单层花，也有双层花品种。

叶子： 叶互生。细长的圆柱形叶子肉质较多。

果实： 蒴果。9月成熟，种子多。

与半枝莲相像的植物——马齿苋

这是生长在田地附近的杂草。6月到秋季期间，它一直开着黄花。茎呈褐色，带有红色光晕，茎干上枝杈较多，朝旁边蔓延生长。在西方，用马齿苋的新芽做沙拉；在韩国，用它拌凉菜；在中国，也有人吃它。和半枝莲一样，椭圆的马齿苋果实朝旁边裂开，小米粒儿大小的黑种子爆破而出。

通过植物学习常识

为什么种子或者果实都是圆的呢？那是为了掉下来便可以咕噜咕噜地滚到远方。像半枝莲的种子那样又小又圆的种子可以很轻松地掉在草丛里或土壤缝隙。有些植物没有这种可以行得更远的特殊装置，那是它们为了不让自己被鸟等其他动物吃掉而准备的作战策略。有句话叫作“果熟自然圆”，即小时候可能会有棱有角，但老了就自然会变得越来越圆滑了。

关于美味植物的

知名故事

辣椒的辣味，
辣椒素的秘密；

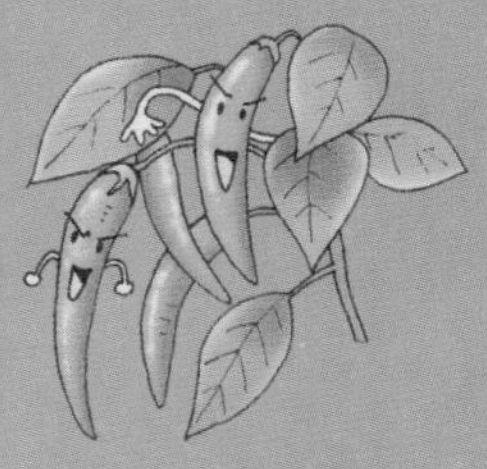

南瓜优于西瓜
的几个原因；

有味儿的胡萝卜乃
是β胡萝卜素之王；

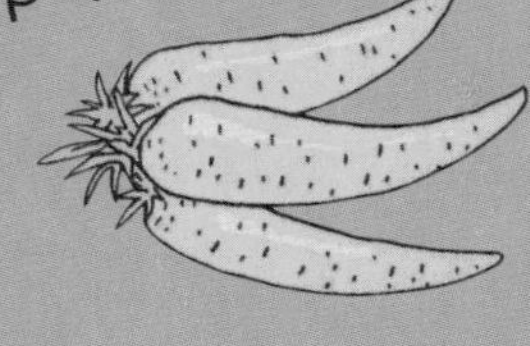

喜欢萝卜的嘎嘎
的无限挑战；

种子长在外面的草莓
和草莓鼻的故事；

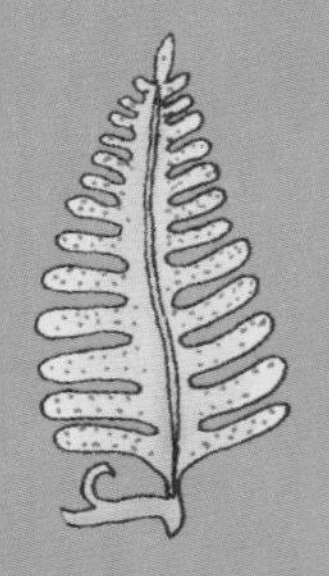

早于人类出生的
蕨菜的神秘故事；

檀君神话中都提到了
的艾草的秘密；

荠菜像蒲公英一样
紧贴在地上的故事；

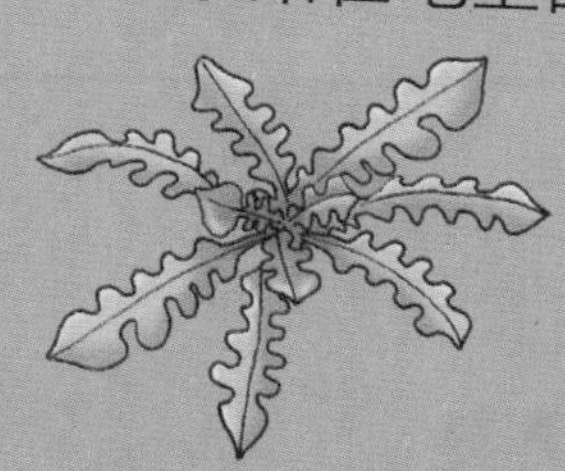

子叶出来了
菜豆的一生；

既非植物又非动物的
蘑菇的扑朔迷离的故事

含恨麻雀的屈辱

知识搜索：1. 铸造骨肉的稻子

2. “自花不孕性”的现象

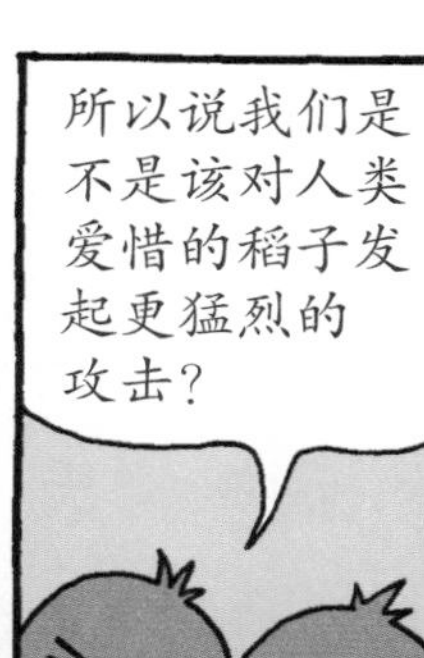
所以说我们是不是该对人类爱惜的稻子发起更猛烈的攻击？

来看，这个就是人们在谈到大米时使用的“米”字。大家都看好了。
米
一看就是稻子模样的象形文字。不就是树上长着大米粒的样子嘛。
八+十+八
我觉得，它看起来是一个十字和两个八字啊。

你们两个说得都对！只有认识了稻米，才能摘到稻米。大米是完全营养食品。我们也需要大米！

让我们去粉碎人类的稻田，出动！
扑打
冲啊！
扑打
跟着我……嗯？
扑打
扑打

你们去哪儿？你们这群家伙！

啊！
扑打
请看后面！鹰隼来了，鹰隼！
扑打
扑打
嘻嘻嘻，这个还挺有效嘛。

铸造骨肉的稻子的故事

在禾本科植物中，很多都是我们的食物。如麦子、稻子、大麦、玉米、薏仁米等。在新石器时代，我们的祖先用小米、稗子、黍、高粱等填饱肚子，所以它们可以说是与人类关系最密切的植物了。不仅如此，在我们身边还有像茅草、竹子、芦苇等无数种禾本科植物。它们都属于单子叶植物，长有平行脉叶和须根。此外，因为它们没有花瓣、花萼，所以都属于不完全花。

稻米最早的产地为东印度地区。以稻子为主食的人虽然主要是亚洲人，但从分布比例来看，却占了世界人口的40%左右。全球各地的稻米品种较多，不过大体可分为粒小、圆且有黏性的日本型和粒长且无黏性的印度型。做米饭时，饭粒不黏着、呈松软状的就是印度型大米，这种大米被称为安南米。

过去，断奶的婴儿喝米汤也能存活。通过这一事实，我们便可以知道大米是完全营养食品。浓郁的饭香其实就是大米中7%~8%的蛋白质的味道。饭锅里流淌着的米饭的油就是大米中2%的脂肪。

稻米的汉字写法为“米”。米字拆开，就是由倒写的“八”、“十”和“八”字组成。

这就是说要得到一粒完整的米粒要经过八十八道人工工序。一粒大米中凝聚了农民如此多的劳苦，因此浪费一粒米便可谓是犯了重罪。大家不应忘记辛勤劳作的农民们的汗水。

在这里，请大家仔细观察稻苗。稻子的故乡本来就在炎热地区，所以天气足够炎热，它才能茂盛。青蛙夏季不小心跳到水田里，会不禁感叹“啊，好烫”，然后迅速跳出。虽然稻子主要种植在水田里，但也有种植在旱田里的旱稻品种。

稻子的茎随品种的变化而各不相同，有长有短。然而不论是什么品种，稻子茎的节数都是12段，而且每节里面都是空的。这是为什么呢？

那是因为稻子根部浸泡在水里，无法与空气接触，所以用叶子代替根部吸收氧气，然后通过茎传送给它。根部不是也要呼吸吗？通过叶子的吸气孔吸收到的氧气沿着的空心茎一直传送到根部。

说到这儿，大家难免会在大脑里浮现出我们平时食用的莲藕。其实，莲藕并不是根，而是茎。言归正传，莲花的地下根也

有很多孔。储存空气的茎！大家熟知的凤眼莲不也是这样吗？此外，大麦也是如此。大麦的主干为圆形、内空，并且每节儿都很长。所以我们小时候才会从中拔出幼小的茎做成大麦笛子，吹出“嘀嘀”声。

通过上述内容，我们了解了茎，接下来让我们一起观察它的花。在连一棵稻苗都很难看到的城市里几乎是没有机会看到稻花的。那不仅是因为没有稻子，更是因为稻花长出后很快就会凋谢。它的花期只有一个小时，最多也不会超过一个半小时。如果你想看稻花，就一定不要错过7月末至8月份稻子接穗时的清晨。下页图中看起来白花花的就是雄花。那是一朵不到一厘米的微型花朵。这个尺寸完全不可能长出花瓣和花萼。

一般的花是绝对不会进行自花授粉的。那是因为距离较近的花之间授粉，可能会导致下一代外形、质量不好。这种现象叫“自花不孕性”。所以即使是同一朵花，它的雌蕊和雄蕊的成熟期、大小也是不同的，这样也就避免了自花授粉。然而，稻花包括中央位置的1个雌蕊和周围的6个雄蕊。稻子授粉几乎是与花朵盛开同时进行的。因为它要在这期间迅速完成授粉，所以自花授粉就极为有利了。虽然大部分植物都是异花授粉，但稻子却是这样进行自花授粉的。

稻子 | 学名：Oryza sativa | 种类：禾本目禾本科，一年生草本

别名： 稗

英文名称： rice plant

花： 7~8月，在茎的顶端盛开小花。稻花包括1个雌蕊和6个雄蕊。

叶子： 叶互生。长30cm左右，细长且粗糙。

果实： 颖果（被外皮包裹着的果实）。9月成熟，呈黄色。剥去外皮后的部分叫作米（白米）。

成为全球人的主食的禾本科植物——小麦

被称之为小麦的这种植物与大米一并成为世界的两大粮食作物，广泛种植于世界各地。整体来看，它与大麦外形相似，但高度比大麦高，麦芒比大麦长，麦穗也比大麦长。西方人以小麦为主食，做成面包、面条和饼干等。

通过植物学习常识

稻子受精完成后，子房长大便结成糙米。大概过了45天，需要收割、打粒后才会成为白米，即精米。有助于身体健康的糙米仅仅是剔除了稻米外层谷壳的谷物，而我们日常所食用的大米是几乎连胚芽都剔除掉了的谷物。与糙米的重量进行比较时，我们把大米看作是糙米重量的92%的精细捣碎的谷物即可。在糙米中，稻米固有成分——维生素B_1、B_2的含量尤为高。

长满了一串串的钱袋子

知识搜索：1. 被称为“钱袋子”的辣椒

2. 拥有痛症般辣味的辣椒

哈哈哈，我们家生了个孙子！七代独孙顺利诞生，我特别高兴，所以才这样啊。过去都是这样拴金绳子告诉大家喜讯的。

头一次看到吧？
这样在门口挂
金绳子。
不过，这个辣
椒又是因为什
么挂在这根金
绳子上的呢？
嘿嘿嘿，长得
不相似吗？这个
辣椒和男孩子的
那个位置。
啊，还真是那样。

有这个原因，
也有……
一棵辣椒秧上平均可以长出
75个辣椒。过去人们把辣椒
叫作钱袋子。

那样的一个钱袋子大
约可以装145个黄色的
硬币，嗯……

对，就是说那是可以留
下多达一万余个子孙的
辣椒秧啊。
啊哈，
那个意思
就是……
啪

如果以后我的孙子孙女也能
像这个辣椒这么多，那爷爷
我就真的是太高兴了。
我也是！

那样我们小区就
会有许多许多的
小跟班儿了！
嘻嘻嘻

拥有痛症般辣味的辣椒

茄科辣椒原产地为南美玻利维亚。虽然在北方属于一年生草本，但在热带地区辣椒却是多年生草本，所以在热带地区，它的高度也很高。除此之外，茄科植物还包括我们熟悉的西红柿、酸浆果、土豆、矮牵牛花、烟草等。大家肯定会惊叹，西红柿、辣椒怎么会和茄子搅在一起呢？仔细观察的话，大家会发现它们的花长得和茄子花很像，都属于合瓣花。如果生殖器官——花的形态、功能相像，那么即使它们的营养器官——植物外形看起来不太像，它们同样也属于遗传相近的植物。这说明植物的分类比较重视花的部分。

在花瓣掉落的位置，小辣椒悬挂在形似脐带的雌蕊茎上，那样子真是可爱极了。如果它成长顺利，那么将会从小辣椒变成深红色的辣椒“妈妈”。任何一种果实小时候都是绿色的。绿色辣椒似乎在说：“我不依靠叶子和茎，我也要贡献一分力量（即进行光合作用）。”于是它释放出了叶绿素。到了秋季，辣椒逐渐成熟，叶绿素便会被破坏，而一直以来被它掩盖的叶红素和叶黄素逐渐显露出来，深绿色的辣椒也就随之变成深红色。这和树叶变红的原理一样吧？

不过，为什么只有辣椒变成深红色呢？这是辣椒秧的小算盘——红色辣椒显眼，被其他动物吃掉后，它的子孙后代就可以被散播到更远的地方。虽然与后面谈及的狼把草或鬼针草相比，这种策略偏消极被动，但从繁衍播种的角度来看，它们是一样的。

辣椒	学名：Capsicum annuum	种类：茄目茄科，一年生草本

别名： 辣角

英文名称： red pepper

花： 7~8月，每个叶腋处盛开一朵向下的白花。花瓣共5片，呈浅盘子状。

叶子： 叶互生，叶柄长，边缘部分平缓笔直。

果实： 浆果。9月成熟，呈红色。

辣椒的辣味——辣椒素

辣椒的辣味不是味道，而是一种痛症。这是因为在辣椒的皮和种子内部含有一种叫作“辣椒素”（capsaicin）的物质。辣椒粗壮的尾部比其尖尖的头部更辣。当然，这种辣味是一种防御其他昆虫，乃至细菌和霉菌的自我防御物质。大蒜、胡椒较辣，可以说也都是它们为了自我生存而制造的盾牌。

通过植物学习常识

常言道：“小辣椒辣。”这是形容小个子的人比大个子更出众、更冷酷无情时所使用的话。人类社会中，有一种“补偿作用”。所谓的补偿作用就是为了消除因身体、精神上的自卑感而带来的痛苦，努力克服缺点的心理。燕子即使小，也能飞到江南；麻雀即使小，也能下崽儿。

做打糕吃呢？还是抹在脸上用呢？

知识搜索：1. 被称为“神灵草”的艾草

2. 艾草地的秘密

我看看。哎哟，
这可怎么办啊？
现在没有药。
呼噜
呼噜

啊！
小姨，
怎么办啊？
我头晕。
真是的，
小题大做！

来，这样把艾草拌一拌，然后贴在伤口处……
最后用狗尾巴草缠上就行了。
血马上就会止住了。

啊，真的吗？
我以为艾草只能用来做汤或者打糕，原来它还可以当药用啊！

你以为只能做药用吗？小姨我这美丽的皮肤就是用天然艾草保养出来的。
啊哈！

原来小姨的公主病是来自这艾草啊。
羡慕就直接说羡慕！

好嘞，我要把这一篮子都填满了，也回去做艾草面膜。
嗯，好的！小姨我先休息一会儿。
啪
啪
啪
啪

出现在檀君神话中的神灵草

艾草和其他菊科植物一样，属于多年生草本的合瓣花。虽然它们极为相似，很难区分，但根据花的大小和叶子的外形等还是可以区分开的。到了山菊、九节草（又名察氏菊）、山马兰盛开的秋季，淡紫色的艾草花也会随之开放。请大家到田地里走一走，也顺便找一找挂着形似菊花的小花的艾草。

艾草的嫩芽可掺入打糕中食用或做成大酱汤煮着吃。艾草汤不是一般简简单单的汤，而是融入春天气息的汤。它能够为寒冬虚弱的身体补气，所以很久以前便被作为药材使用。五月端午时节晒干的艾草是最优质的。

艾草叶不仅用于艾灸，还作为腹痛、腹泻、止血的药物使用。我记得小时候如果给牛割草时，不小心被镰刀伤到手，便会把搅拌后的艾草叶敷在出血位置，然后用狗尾巴草的茎或马唐（俗称蟋蟀草）的叶子层层包裹。去洗澡时也是把艾草揉在一起，做耳塞用。此外，夏季点火驱蚊时，还会用它做驱赶蚊子的材料。

艾草 | 学名：Artemisia princeps | 种类：菊目菊科，多年生草本

别名： 药草，蕲艾

花： 7~9月，淡紫色花朵聚拢在一起盛开，被长钟形的叶片包裹。

叶子： 叶互生。椭圆形叶子像羽毛一样裂开；越往上，叶子的裂片越小，叶片数越少，最小的叶子仅带有3个裂片。

果实： 瘦果，9月成熟。

百合科植物——大蒜

和艾草一起出现在檀君神话中的大蒜属于百合科植物。看到鳞茎上生长着须根的样子，我们便可得知它属于单子叶植物。我们食用的大蒜不是大蒜的根，而是茎；而蒜苗则是在花开之前采摘下来的空心花茎。大蒜含有的“蒜素（allicin）”以杀菌、抗菌作用而被熟知。

通过植物学习常识

“斑竹地长斑竹，艾草地长艾草”就是“根本很重要”的意思。如前所述，“艾草地”的表达方式带有贬义色彩。如果艾草开始生长，那么其他植物就都要消失。那是因为春季的撂荒地上随风飘来各种植物的种子，但幼小的艾草一发芽，它的根茎便会不断向地下蔓延，过不了多久周围便出现成片的艾草，转眼间也就形成了一片“艾草地”。

营养的南瓜

知识搜索：1. 天降福宝的南瓜

2. 具有抗癌效果的香瓜

熟透了，变黄了的做南瓜粥；花摘下来做饼；叶子焯一下做包饭！
啊，好想吃啊！
咕噜咕噜
最后是这南瓜子儿！
把南瓜子儿放嘴里嚼，不知有多香呢！
嘎吱
嘎吱
南瓜真是太棒了！
所以啊，告诉你一个大人们的秘密……
什么秘密？
因为这个南瓜实在是太珍贵了，所以……
怕你们这些孩子调皮把南瓜地给搅和了，所以大人们就到处说，如果用手碰小南瓜，手指就会烂掉。其实那都是骗人的。
啊！
这个我当然也知道了。
是吗？
嘻嘻嘻，今天来给马露家的南瓜地打针，扑哧一下！

天降福宝——南瓜

南瓜在葫芦科植物中也属于大果植物。我们食用的小南瓜属于东方系列的南瓜，西洋系列的南瓜重量在30千克以上。在过万圣节时，西方人会挖空南瓜，然后刻上眼睛、鼻子和嘴巴；有的还在里面放蜡烛做成南瓜灯。

葫芦科植物最大的特点就是雄雌蕊不在同一朵花上。之前我们曾说过，雌雄蕊长在同一朵花上叫两性花（即雌雄同花）；分开长就叫单性花（即雌雄异花）。此外，雌雄蕊如果开在同一根花茎上，就叫作雌雄同株；长在不同的花茎上，则叫作雌雄异株。葫芦科植物属于雌雄同株的雌雄异花类植物。西瓜、香瓜等也不例外。

我在房子旁的空地处种南瓜时，有过这样一段亲身经历。最先长出来的南瓜留着不摘，等到它熟透，就会长成黄色的老倭瓜。可神奇的是黄色老倭瓜彻底熟透了的时候，南瓜主干便会干枯而死。那时可是还未到秋季啊。不过它旁边的芽儿却不失绿色生机，不断开花结果。它的果实不断被我们摘下食用，可它却也是不断开花结果。正当我暗想“所有生物都会留下子孙后代”时，它却突然失去生机，慢慢枯死了。相反旁边的南瓜秧因还未繁衍后代而没有失去生机，竭尽全力地开花结果，一直到寒霜时节。

人类也是如此。如果没有了梦想和希望，那么必然会瞬间泄气，干劲儿全无。这与挂着老倭瓜的南瓜主干毫无区别。

南瓜 | **学名：Cucurbita moschata** | **种类：葫芦目葫芦科，一年生匍匐草本**

英文名称： squash，pumpkin

花： 6月开始开黄花，一直持续到秋季。雌蕊下面长有圆形子房。

叶子： 叶互生。叶柄长，叶子共有5个裂片，微微裂开，呈手掌状。

果实： 浆果。8月开始成熟。果实长期搁置于茎上，则会长成老倭瓜。果实内部长满扁平的种子。

葫芦科的另一种植物——香瓜

香瓜是“好吃的黄瓜”的意思。香瓜原产于印度，而从印度传到西方国家的是哈密瓜。哈密瓜中的水分含量高达90%以上，夏季食用可解渴，但由于它具有利尿的作用，所以如果晚上睡觉之前食用过多，则有可能导致尿床。最近，香瓜被指出具有抗癌效果，所以成为广受关注的作物。

通过植物学习常识

南瓜中的铬可促进胰岛素分泌，高纤维可以延缓小肠对糖的吸收，因此对防治糖尿病有一定作用。

啪啪蹦出来的种子好吓人

知识搜索：1. 被称为“地里长出来的牛肉”的芸豆

2. “根瘤”的秘密

不是说芸豆就是地里长出的牛肉嘛。所以我才说芸豆的。
为什么？
它虽然是豆科植物，但它的种子却像肉一样，含有丰富的蛋白质。
噢，真的？

正好我现在也要去转一圈儿，你要不要跟我一起去？
我都要饿死了，你看我还像是会挑三拣四的样子吗？

几个月前，我看见有人在这里撒豆种。现在大概到10月了，豆荚应该已经胀开了。

小心小心！

啪
啪
啪
啊！什……什么声音？

啊，好像是有人发现我们，朝我们开枪了。快逃！
真的？

我不想死。快跑啊！
成功！

嘿嘿嘿嘿，戏弄老虎大获成功！这不过是豆荚想把豆子崩到远处而爆开的声音……
啪
啪

地里长出来的牛肉——芸豆

豆科植物的叶子都是接近椭圆的扁圆形。从豆子到白车轴草、洋槐、荆条树、藤树、葛……它们的叶子都是那样的。

拔出豆科植物的根，大家便会看到根下面沾满了大大小小的圆形瘤。这些瘤叫“根瘤”，里面满是细菌。根瘤菌作为细菌的一种，从植物那里获取生存空间，而植物则从这些细菌那里获取氮气成分，二者共生。豆科植物之所以在肥料贫乏的地埂上也能茂盛生长，就是因为它与根瘤菌的这种共生关系。

我们呼吸的空气中有78%是氮气。根瘤菌具有一种能力，就是它可以把空气中的氮气转换成可供植物使用的氮气，即肥料。空气中的氮气虽然不能被植物所用，但固氮细菌会将其转换成肥料，这样植物就能使用了。豆科植物为生存在根里的细菌提供碳水化合物；细菌为宿主植物提供氮气肥料。这不是共生又是什么呢？只有不分主仆，才是共生！

大家曾经种过芸豆吗？这一个小小的豆粒中竟囊括了根、叶、茎、花、果实这所有的一切！宇宙的奥妙都已囊括其中，因此如果你用心培育它，便可探索到其中的意义！

芸豆属于被豆荚包裹着的被子植物，同时也是有两个子叶的双子叶植物。把豆子浸泡在水中，然后剥开包裹种子的外皮，便会一眼看出它有两个子叶。接下来我们该种豆了。把种子用湿土覆盖，覆盖深度为种子大小的2~3倍，较小的种子则为1.5倍左右。这样最先长出来的是根部。豆粒中间长着一个形似肚脐的胚芽，根就是从那里冒出来的。所以在种豆子的时候，最好是把豆子的肚脐朝下。

根扎得足够深之后，豆子茎便开始不断生长，同时子叶也会一点儿一点儿地向上冒。不论覆盖豆子的土壤有多坚实，它都会用力挣脱一直以来保护自己的外皮，噌地一下伸直脖子，破土而出。这就是豆子诞生的瞬间。

植物发芽只要有充足的水分、适中的温度和空气就行了。养分已储存在子叶中；阳光暂时还不需要。豆子发芽，子叶破土而出，此时黄色的子叶便开始变绿。之后它便自制养分，以供生长。

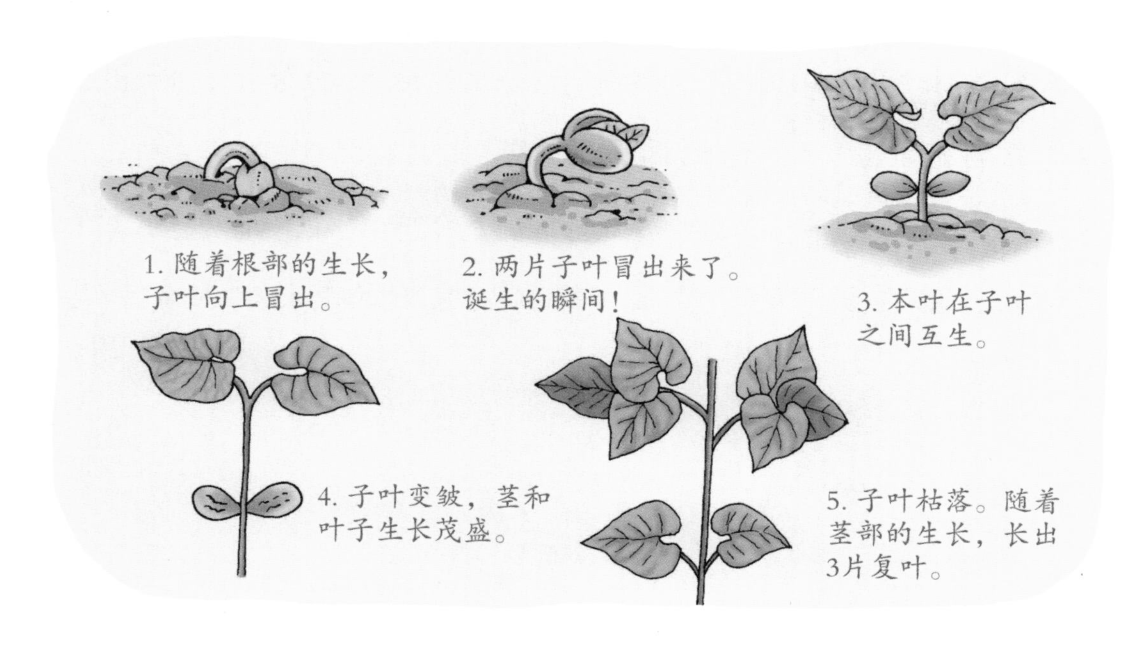

终于到开花的时候了。总是出现在饭桌上的蔬菜在被我们吃掉之前，也曾是在田野间大放光彩的花儿。桔梗花、茼蒿花、韭菜花、地瓜花……同样，豆子也是那样的。豆花盛开，如同一只白色蝴蝶安坐其中，之后在那个位置长出小豆荚。小豆荚的灌浆渐渐成熟，变成硬且胖的种子。当然，豆荚最后是要变干的。这就是芸豆的一生。从种子里出生再到结出种子，芸豆的一生虽然看似简单，但它的种子每年都会生出种子，周而复始，因此我们说芸豆的生命是永恒的。人的一生也如此。虽然都是生子、老死，但遗传基因却被永远留下。

豆子剥下来的外壳叫作豆荚皮。长期被暴晒的豆荚突然在某个瞬间伴随啪啪的声音，自然迸裂。这是豆荚干枯到一定程度，瞬间扭曲萎缩，然后把豆子从里面踢出来的时候发出的声音。此时，豆子也就蹦到了远方。这是芸豆想把后代散播到远方的策略。鬼针草和狼把草为了传播种子，请其他生物帮忙，而豆科植物却是靠自己把孩子们送到远方的啊！

有“地里蛋白质”之称的豆子也分为许多种。一般的豆子指的是大豆，培育豆芽的有黄豆和绿豆。它们的其他特征都和芸豆没什么区别。

芸豆 **学名：Phaseolus vulgaris** **种类：蔷薇目豆科，一年生草本**

别名： 菜豆

英文名称： kidney bean

花： 7~8月，根据芸豆种类的不同，花朵分别呈白、淡紫粉、红色。

叶子： 叶互生。叶子呈鸡蛋或椭圆形，边缘部分平缓笔直。叶子属于由3片小叶构成的复叶。

果实： 荚果（每节外皮里都有种子的果实）。一个豆荚中有3~7个种子。

豆科的另一种植物——白车轴草

这是一种兔子爱吃的草。白车轴草长有3个倒置心脏形状的小叶。因基因突变而长出4片小叶的是四叶白车轴草。花朵在6~7月份开放。花在凋零后也不掉落，而是簇拥着中间的果实。果实完全成熟后，豆荚迸裂，散落出4~6个种子。

通过植物学习常识

有这样一句谚语：种瓜得瓜，种豆得豆。在种豆的地方绝对不会长出瓜。这是指所有事情都是因果相连的。这不就是所谓的因果报应的法则吗？常言道，根有多大，收获就有多少。努力虽苦，但成果是甜的。

草莓和草莓鼻（酒糟鼻）

知识搜索：1. 种子长在外面的草莓

2. 覆盆子的由来

江玛鲁！看来你假期里一直都只顾着玩游戏了啊。
啊！不是的。
这是我去乡下草莓地里看了之后画出来的。
咚！
嘻嘻嘻嘻

地里的草莓是在地上匍匐的匍匐茎。你以为草莓是长在树上的吗？
匍匐茎！
啊，真的吗？

草莓、草莓酱这些虽然我都喜欢，可是我也不知道原来它是这样的。
真神奇啊！

嘿嘿嘿！对不起，老师！
看来这次你小叔没有帮你做作业啊。虽然老师喜欢这样，但是……

反正你回去重画一张与草莓相关的画儿，作为对你的惩罚！
啊！

大叔，请您不要动。我都画不好了。
沙沙

怎么突然吵着要给我画像呢？
看来他明天又要被骂了！
草莓鼻
烧酒

种子长在外面的草莓

除草莓外，还有很多的蔷薇科植物，如苹果、梨、樱花树、玫瑰、蔷薇、海棠花等。“它们属于同一科植物”指的是它们虽然外观完全不同，但生殖器官，即草莓花、玫瑰花和蔷薇花很像。

虽然大部分野生草莓都是木质茎，但人工种植的改良品种草莓却是匍匐茎。此外，草莓不是因子房发达而长出果实的，而是因为花萼发达。此外，它的种子不长在果实内部，而是露在外面。即，一棵草莓上聚集了多个果实，而非一个果实。那么吃一个草莓，到底是吃了多少个草莓的果实呢？

草莓含有丰富的维生素C，而且还含有铁和其他无机物，所以它才成为人们喜爱的水果。草莓易腐烂，所以需尽快食用；如果不能在短时间内吃完，人们便会把它做成草莓酱。

接下来让我们看一看它生长的样子。草莓属于匍匐茎，每节带叶子的茎扎根后，会再长出新茎。所以把为数不多的几个草莓种在地里，几年之后，它们便会占领整片田地。

草莓 | **学名：** *Fragaria ananassa* | **种类：** 蔷薇目蔷薇科，多年生草本

英文名称： strawberry

花： 4月份开始盛开白色花朵。花茎顶端可盛开多朵草莓花。

叶子： 簇生。长叶柄上长有带3片小叶的复叶。叶子边缘部分有锯齿。

果实： 聚合果（果实聚生）；6月成熟，呈红色。

与草莓相像的植物——蛇莓

生长于向阳草地上的蛇莓也属于藤向旁边延伸且每节茎都会扎根的匍匐茎。4~6月，蛇莓开花。黄色花朵与委陵菜极为相似。蛇莓的鲜红色果实呈圆球状，味道不及草莓。名字中带有一个“蛇”字，是指蛇莓果没什么味道，而非“有毒”之意。蛇莓对解毒和止血效果显著，所以人们还会煎熬整棵蛇莓用于医疗。

通过植物学习常识

生长于山顶向阳地区的覆盆子，字面意思就是“坛子/盆子被打翻”。其中流传着这样一段故事：吃了覆盆子的儿子气血强盛，尿液外喷的力度太大，把尿缸都打翻了。红色覆盆子一熟，就会变成黑色，人们一般用它酿酒。

嘎嘎很痛苦

知识搜索：1. 顶级植物根——萝卜

2. 含有丰富营养成分的萝卜

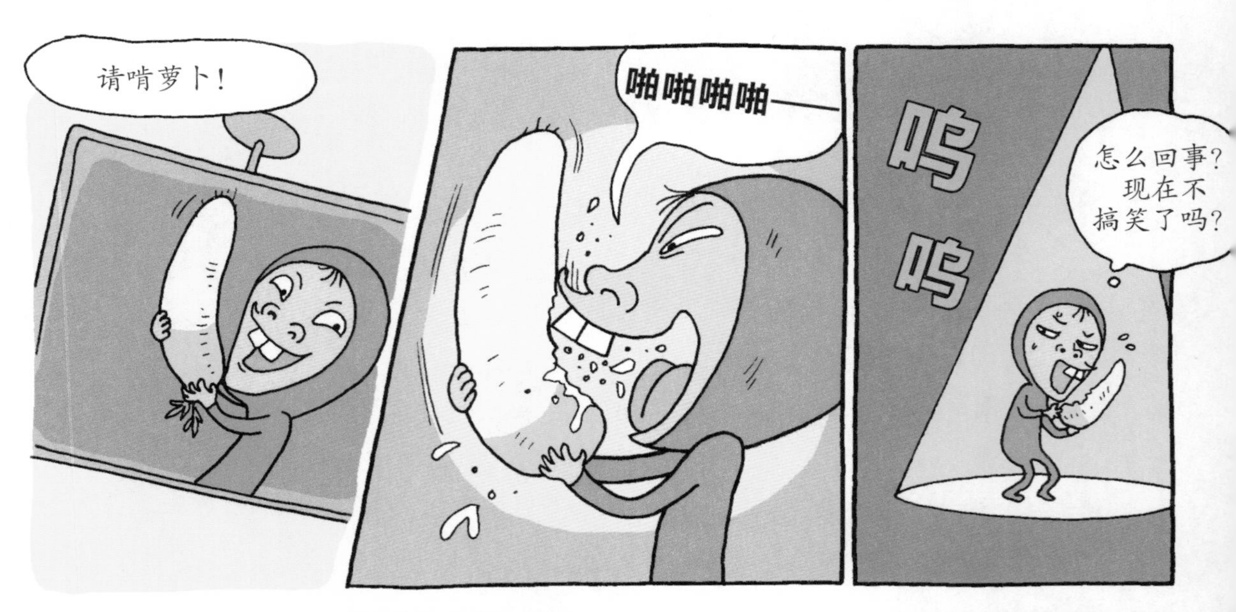

白菜怎么样？
白菜应该挺搞笑的。
一二！
一二！

不怎么样。外形差距太大。还有，萝卜有辣味，白菜没有啊。
那有什么关系啊？
搞笑就行了嘛。
PD

不行，与萝卜差不多，但是又比它稍微刺激一点儿的东西，没有吗？……
PD

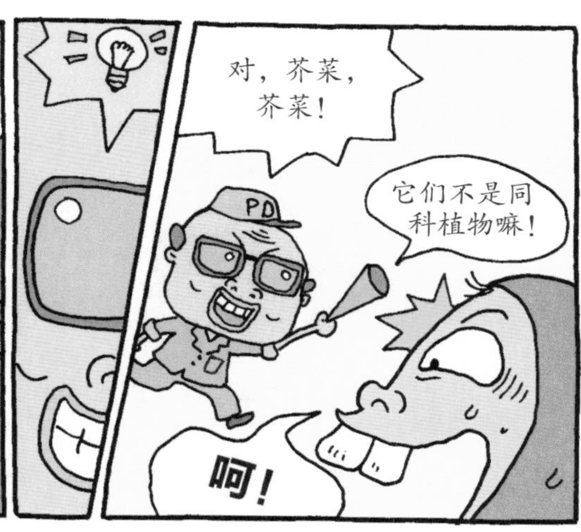
对，芥菜，芥菜！
它们不是同科植物嘛！
呵！
PD

好，那我下周把剧本写好，带过来。你准备录下周的节目吧！
实在是不行了。再这样下去，我的嘴唇都得肿了。
PD

不，不用了。我们还是用萝卜吧。我突然萌发了一句台词。

请大家啃一啃萝卜。
啪
啪
啪
萝卜里有一种叫作淀粉酶的消化酵素，而且还含有丰富的维生素。
怎么样？
……
PD

我们的节目是“维生素”健康频道吗？你还是吃芥菜吧！
哼！

顶级植物根当属萝卜

萝卜是十字花科的一年生或二年生草本植物。萝卜花属于花瓣、花萼、雌蕊、雄蕊健全的完全花。4片花瓣横竖连起来就是一个“十”字。正因如此，它才被称为十字花科植物。

与萝卜相近的植物有白菜、油菜、雪里蕻、大头菜、荠菜、芥菜等植物。我们都知道它们的生殖器官——花长得像。说句无关本文内容的话，正因为生殖器官相像，所以地瓜属于旋花科，而土豆属于茄科。当然，这点在前文中也提到过。

萝卜既含有一种叫淀粉酶的消化酵素，又含有丰富的维生素。因此我们把它的整个根部拔出来，做成萝卜泡菜、萝卜汤、萝卜干、酱菜等。但是萝卜其实不是只有根部才能吃。刚从根上剪下来的绿萝卜秧用草绳拴起来，放在背阴处晒干，就成了干萝卜秧。它既可以用来做菜，也可以用来做汤。

萝卜 | 学名：Raphanus sativus | 种类：罂粟目十字花科，一年（二年）生草本

别名：罗服

英文名称：radish

花：4~5月，开淡紫粉色或白色花。需在开花前拔出食用，所以很难见到萝卜花。

叶子：从根部长出，羽毛状叶子朝叶柄两边生长，互相对视而生。

果实：角果（比坚果稍柔的果实）。每个外壳中含有2~10个褐色种子。

同属十字花科的白菜

白菜也属于十字花科的二年生草本植物。4月长出十字形黄花瓣。白菜在阴冷的地区也能生长，所以高寒地区也可以长出优质的果实。白菜的绿叶中含有丰富的铁、钙、钾和维生素C，因此在冬天食用腌制的辣白菜，便可以补充体内缺乏的营养成分。

通过植物学习常识

拔出萝卜，我们会发现，虽然上面有一些须根，但它几乎不长侧根。我们把这种情况说成“像萝卜根一样”。可能会因为没有家人或其他朋友的负担而感到轻松，但即使是那样，在困难的时候也会因身边没有帮忙的人而感到孤单。

三千里挖荠菜

知识搜索：1. 利用微气候生存的荠菜

2. 微气候的秘密

我也去。
呼噜呼噜——
我，东石妈妈
……
……

来，紫苏，让我们出发去找荠菜吧。
好。我会是挖得最多的。

哼！
一个小时过去了。
为什么我看不到荠菜呢？

还没找到吗？我们已经挖了一箩筐了。
真是难为她了。

你们在哪儿找了那么多啊？

你得动脑子啊，动脑！在不怎么长荠菜的垄沟里怎么可能有呢？
啊！

我们回去吧！今天可以吃到好吃的荠菜汤了。
呜呜，真可惜。看来要做什么事情，得事先弄清楚了再说。

呼噜 呼噜
妈妈，下次我们两个人来吧。

莲座状植物的过冬作战

在春寒还未退去的早春，我们的妈妈们便开始拿着锄头、刀到地里，猫着腰四处搜寻，最后挖回满满一篮子带根儿的荠菜。为了整个冬天都没能吃到新鲜蔬菜的家人，妈妈们把满是维生素的荠菜端上饭桌。然而，这荠菜是怎么做到冬天不死，早春继续生长的呢？

请大家想一想房子后面冬天闲置的田地。田埂之间下陷的部分是垄沟。仔细观察会发现，田埂是向上突出来的，所以日照充分；而垄沟则属于整天被田埂的阴影遮盖着的背阴区域。因此二者温度不同。下雪之后，田埂处的雪在太阳的照射下会很快融化，而垄沟处的雪却没那么容易融化。即使同处一畦，田埂和垄沟也存在着这样的温差。因日照、风吹等环境而产生的微小的气候差异叫微气候。在空荡荡的水田、旱地埂上，荠菜、齿缘苣荬菜、野荠菜等莲座状植物长成一片。这些植物趴在向阳的大地上，利用微气候生存。这是它们充分利用大地温度生存下去的战术。这样的奥妙怎能不让我们瞠目结舌呢？过冬的植物中，没有一种不是利用微气候而生存的！

荠菜	学名：Capsella bursa-pastoris	种类：罂粟目十字花科，二年生草本

别名： 地丁菜，地菜

花： 3月开始，4瓣的十字形白花盛开。

叶子： 簇生。根生叶的边缘部分扎根较深，茎上长出来的叶子呈毛毛虫状，互相对视而生。

果实： 角果。5月开始成熟。心脏形的果实内含数十个种子。

与荠菜相像的花——油菜

4月，形似荠菜花的十字状油菜花盛开了。花的颜色为黄色，也只有这点与荠菜花不同。人们也以观赏花朵成片开放的景象为目的种植油菜。

通过植物学习常识

让我们在冬季大雪覆盖的时候，拿着温度计出去测一测空中和积雪里的温度。如果二者之间有温差的话，那么哪里的温度会更高一些呢？当然是积雪里的温度更高。空气和积雪里的温度差异也是微气候的一种。院子里干树叶下和土壤里的温度测量结果也会不一样。同一座建筑的前后院的温度也同样会有差别。

需要胡萝卜和鞭子的原因

知识搜索：1. 被称之为“β胡萝卜素之王”的胡萝卜

2. 含有独特气味的胡萝卜

胡萝卜里不知道含
有多少生成维生素A
的β胡萝卜素和
维生素C呢。
“叶红素”（carotene）这个词
本身就是来自萝卜的英文单词
“carrot”。
原来是
这样啊。

啊，主人来了。
嘎吱

好了，波尼，不要再哼哼
了，我们出发吧。我们要
走的路还很远呢。
哼哼哼
不走。

你这个家伙，
又不听话了。

快出发！
啪啪啪
啊，
好疼！
好。

快点到家的话，
我就给你满满
一篮子胡萝卜。
哇，好。那请您
系好安全带。
出发！
嗒嗒嗒
“胡萝卜和鞭子”
原来指的就是这个。
汪

β胡萝卜素之王——胡萝卜的秘密

胡萝卜作为伞形科植物，属于二年生草本植物。胡萝卜在南方地区可以过冬，不会被冻死，因此属于二年生草本；在北方地区不能过冬，因此属于一年生草本。大麦也是如此。秋天种植的秋播大麦能过冬，属于二年生草本；春季种植的春播大麦属于一年生草本植物。

虽然人们说胡萝卜的原产地为阿富汗，但这一说法并非绝对准确。因为任何一种植物都是通过种植野生品种，栽培成谷物或蔬菜的。完全成熟的胡萝卜约高一米，不仅主干挺拔，而且黄色或红色的根部也是又粗又直。虽然萝卜的根和叶子都可以食用，但胡萝卜却只有根能吃，而叶子和茎是不能吃的。胡萝卜和橘子一样，是生成维生素A的β胡萝卜素和维生素C含量最高的植物之一。

然而，如果我们不把胡萝卜或萝卜拔出来，而是让它们继续长在地里，那会怎么样呢？那样到了早春时节，它们应该会在气候温暖的南方地区开花结籽了吧？的确，那时它们会用储存在根部的营养成分开花结籽。我们食用的胡萝卜根其实是汲取胡萝卜为开花结果而储存的营养成分长成的部分。

在人类社会，有人特别讨厌胡萝卜。此外，还有一些小朋友吃饭时一定要把胡萝卜挑出来。胡萝卜的茎、叶子以及根部都散发着一种独特的气味，所以昆虫也同样因讨厌这种气味而远离它。植物散发的特殊气味其实是它们为了保护自己而制造出的一种化学物质。之前我们曾说过大蒜也是这样。

胡萝卜 | 学名：Daucus carota | 种类：伞形目伞形科，二年生草本

别名： 红萝卜

英文名称： carrot

花： 7~8月份，数千个雨伞状的白色小花聚集在花茎顶端。

叶子： 叶互生。叶子呈羽毛状，比萝卜叶子细、小。

果实： 分果（长有多个子房的果实）。9月成熟。

与胡萝卜相像的植物——水芹菜

在注水的田地里栽培种植的水芹菜带有一股独特的香气，是一种刺激食欲的香菜。空心茎从最低端开始朝两侧分叉生长，在匍匐茎的茎节处生根繁殖。7~9月份，花茎顶端长出10余个小花柄，每个花柄上都会开出20余朵雨伞状的白色花朵。

通过植物学习常识

胡萝卜又叫作红萝卜。胡萝卜含有大量胡萝卜素。这种胡萝卜素的分子结构相当于2个分子的维生素A，进入机体后，在肝脏及小肠黏膜内经过酶的作用，其中50%变成维生素A，有补肝明目的作用。

森林里的精灵有毒

知识搜索：1. 被称为“森林的清洁工”的蘑菇

2. 既不是植物，也不是动物的蘑菇

那能是什么啊，小朋友们！当然是蘑菇了，蘑菇！
簌簌
啊，野猪大叔！
我前天把糖藏在这里的时候没有啊，这是怎么回事呢？
这些蘑菇啊，通常会在树下面的这种地方或者湿气重的地方突然冒出来的啊。
那就让我用这些蘑菇做午餐吧！来让我看看，可爱的蘑菇们！
口感筋道，不知道有多好吃呢！
啊！
我们得先吃。在野猪大叔走过的地方是不会留下吃的东西的。
嗒嗒嗒
对！
我们先吃这些花花绿绿的蘑菇吧！
啊，不行！
有红色伞盖的毒蝇伞是绝对不能吃的！
豹斑毒伞、鳞柄白鹅膏也是毒蘑菇！
呸！真的吗？
所以我只挑对身体好的蘑菇吃哟！
啪啪啪
哼，又晚了一步。

既不是植物，也不是动物

梅雨过后，走进路边草丛深处，便能看到那里转眼间已变成了一片蘑菇地，冒出了许多之前从未在那里见过的蘑菇。再走近些，便会被它们的魅力深深吸引。哇，如此漂亮的蘑菇，色彩艳丽的蘑菇大大小小遍地都是，“森林妖精”这一表述，于它实在是太合适了。

蘑菇孢子在潮湿的暗处发芽。诸多菌丝轻轻地从孢子中伸展出来，形成一个菌丝团儿，然后推开大地表层的浮土，探出头来。此时长出来的就是蘑菇。所以我们吃蘑菇其实就是吃菌丝，也可以说是吃霉菌。那般好的香菇、灵芝居然曾是霉菌？

众所周知，生态系统包括生产者、消费者和分解者。这里所说的分解者就是霉菌和各种细菌。它们负责分解腐烂其他生物。彻底腐烂绝对是一件非常好的事！如果人们排泄的粪便或死后的尸体没有腐烂，而是全都放在大街上，那该怎么办呢？地球上可以没有人，但如果没有蘑菇，那可就真是天下大乱了。清理排泄物或尸体主要由细菌负责；蘑菇负责清理山野中死去的草或树根。所以我们把蘑菇叫作“森林的清洁工”。谢谢你们，霉菌和细菌！

香菇

学名：Lentinus edodes

种类：担子菌门伞菌目光柄菇科

英文名： oak mushroom

子实体： 菌盖开始呈雨伞状，之后朝四周伸展。

孢子： 在菌盖下面的褶皱处生成孢子。一个蘑菇上分布着上亿个孢子。孢子一落地，菌丝便会开始生长，最后长成蘑菇。蘑菇就是菌丝汇集而成的菌丝体。

致命的毒蘑菇——鳞柄白鹅膏

毒蘑菇中，还有一种被称之为“死亡天使”的白色鳞柄白鹅膏。它外形与食用蘑菇相似，所以人们可能会误认为它可以食用，但其实它含有一种剧毒成分，即使是只吃了一朵也会危及生命。据悉，该蘑菇的毒素即使是用水煮也不会分解。

通过植物学习常识

霉菌和酵母也和蘑菇一样属于菌类生物，生长于温暖潮湿的环境。面包或者储存时间过长的食品上的霉菌即使是用肉眼也能看出它是由线一样的菌丝缠绕而成的。酱曲中长出来的霉菌是无害霉菌，但脸上的癣或脚气却可以说是有害霉菌。此外，面包蓬松或散发出的酒味儿都是酵母发酵的功劳。

关于观赏植物的

知名故事

凤眼莲能够浮在水里的秘密；

丝瓜与黄瓜似像非像的面孔；

用藜制作而成的高级拐杖的故事；

想拥有常春藤的小狗的伤心故事；

不起眼的苔藓也有雌雄的事实；

这就是鬼针草的秘密

因为仙人掌刺儿而不知所措的绵羊故事的秘密；

寄生的槲寄生的秘密；

寄生虫也得要点儿脸啊

知识搜索：1. 寄住在别的树身上的槲寄生

2. 应用于现代医学中的“槲寄生疗法”

小叔，那个叔叔的绰号是什么啊？臭虫？吸血虫？嘻嘻嘻！

叫槲寄生，槲寄生！
嗯？那是什么？

是一种不知廉耻的树。天大地大，可它却非要长在别的树身上。

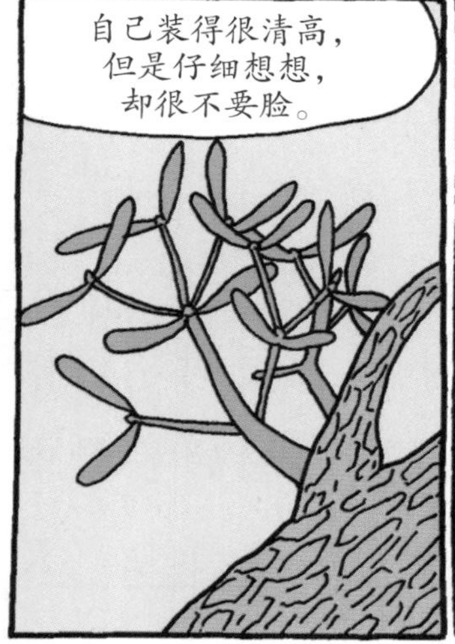
自己装得很清高，但是仔细想想，却很不要脸。

它自己都不能独立生存，还装得比主人还像主人，这算怎么回事啊？
我的养分也不够用呢。
嘻嘻，这儿真好！
天啊，原来还有那样的树啊。

更让人忍无可忍的是，它比主人人气还高。
人气高的理由就是……

原因就是，槲寄生对身体好，因此人们都纷纷前来找它。

那个家伙不就是用这种方式省钱约会的嘛。约会的女人还不止一两个。
我们今天在哪儿见啊？我给你买好吃的。
还把一点儿都不合身的小叔的西服借来穿。
假装没听见。

寄生的槲寄生

冬季登山，我们时常会看到橡树上挂着淡绿色的“喜鹊窝”。这里又不是什么热带雨林，怎么会长出“树上的小树”呢？它们就是槲寄生，夏季被树叶遮挡所以看不到，叶落之后便全都露出来了。

槲寄生是一种自身具备叶绿体，可以进行光合作用却还寄生的奇特树种。我们把这种植物叫半寄生植物。知道这些以后，我们简直都要被槲寄生这种奇妙的繁殖作战方式气昏过去了。世界上哪儿有这种免费的午餐呢？

它们在栗子树、橡树、山茶树、正木、桑树、红楠树等树杈上扎根（寄生根）生存。在寄生树上扎根，从寄生树的导管中汲取水分，从寄生树的筛管中吸收主人（即寄生树）的养分。天啊，这蹭吃蹭喝的家伙居然还开花结果，不得不说它真是个不知廉耻的厚脸皮啊。

槲寄生特别是在中医配方中作为治疗腰痛、动脉硬化、冻伤的药材使用，在现代医学中还有一种槲寄生疗法，当前尤为流行。因为槲寄生富含一种其他植物所没有的物质——黏毒素（viscotoxin）。该物质能够增强免疫力、刺激食欲、治疗癌症。大家如果在山上看到槲寄生，不要视而不见，请停下脚步仔细观察。因为神秘的植物就长在那里。

槲寄生 | 学名：Viscum album | 种类：檀香目桑寄生科，常绿寄生灌木

别名： 冬青，寄生木

英文名称： mistletoe

花： 3月份，黄花在树梢盛开。

叶子： 叶对生。树脂呈Y字形，有2~3个分叉。这些树杈上长有大量的肉质丰富的椭圆形叶子。

果实： 浆果。10月成熟，呈淡黄色。果实的果肉多，且较黏着。

受欢迎的寄生植物——槲寄生装饰物

西方人还把槲寄生作为圣诞节的装饰品使用。他们信奉槲寄生带有一种魔力，所以把它挂在门槛上祈福。西方还有这样一种风俗，即圣诞节的时候，可以亲吻在槲寄生树下的少女们。此外，人们还相信如果男女在槲寄生树下接吻求婚，便可以喜结良缘。

通过植物学习常识

槲寄生的果实非常黏。这种果实是鸟类喜爱的食物。如果黏黏的果实粘在鸟嘴上，鸟儿便在树枝上啄来啄去，最后把果实整个吞掉。黏黏的果实不易消化，鸟儿便把它们原样排出体外。此时，鸟屎便粘在树杈上，擦都擦不掉。就这样，槲寄生的种子粘在树枝上，之后在那里发芽生长。鸟儿把槲寄生果实作为食物吃掉，然后作为代价再帮槲寄生播种。如此，二者互帮互助，共同生存。

爷爷的愿望是有座常春藤房子

知识搜索：1. 如诗如画的常春藤房子

2. 常春藤的秘密

我爷爷好像是想一直重温他的大学时光吧。
看他把房子装饰成这个样子……
原来是这样啊。不管怎么说，反正是太美了。我们家要是也这样就好了，就好像是白墙穿着绿衣。
是吧？而且还不断地向外释放氧气。
哈哈哈
对，对！

只顾自己的房子，一点儿都不关心我的家，哼！
하하하
所以啊，我也种了常春藤。
好，很好，快快长吧！
哎呀，对不起，豆豆！你个头儿越来越大，我都忘了给你换个新家了。今天终于想起来了，我去给你换个新的。
汪！为什么啊？
啪啪
汪汪汪 汪汪
豆豆今天叫得格外凶啊。
不行，不行，那个常春藤，我好不容易才让它生根的啊！汪！
狗窝里面难不成还藏了骨头？

盖一座如诗如画的常春藤房子

很久很久以前，有人曾有这样一个梦想——买一幢像鸽子窝一样温馨雅致的房子，让常春藤爬满整个墙面。那个人就是笔者我自己。我们经常看到这样一幅景象——历史悠久的大学建筑物墙壁上爬满了常春藤。常春藤身穿绿衣的样子与白色混凝土墙壁形成对比，显得更加突兀；而且常春藤还释放出大量氧气，真是连眼睛都变得倍加爽快了。到了秋季，常春藤还会换上红色或淡淡的宝石色衣服。

我们仔细探究一下常春藤的秘密。其中最特别的就是常春藤的根。它利用茎下面的圆形附着根紧贴在墙或岩石上。常春藤细小的根部如同线绳一般四处延伸，根下面连着一粒粒矮小的圆形附着根。如果我们看到这些附着根紧贴物体的样子，定会联想到雨蛙脚底的吸盘。其实动植物在构造上是有很多相似之处的。据了解，常春藤的幼根会分泌一种酸性物质附着在岩石或树木、石头、墙壁表面，之后扎根生长。

常春藤 | 学名：Parthenocissus tricuspidata | 种类：五加科，落叶阔叶蔓藤树木

英文名称： ivy

花： 6~7月，淡绿色小花聚集在叶腋处开放。

叶子： 叶互生。圆形心脏状叶子，分成3个小裂片。叶子边缘部分有锯齿，叶子有光泽。

果实： 浆果。9月成熟，呈黑色。又圆又黑的果子就像是葡萄的缩小版。

与常春藤相像的另一种植物——野葡萄（也叫作蛇葡萄）

生长在山地和峡谷的野葡萄与葡萄、常春藤是“表兄弟”的亲属关系。在开花的位置结出来的一粒粒果实成熟后颜色多彩，呈天蓝色、宝石色。山葡萄虽然可以食用，但野葡萄是不能食用的。

通过植物学习常识

如果飞蛾在叶子上产卵，那么出生的幼虫便会啃食常春藤叶子，飞禽走兽等野生动物会啄食常春藤的果实。常春藤种子就这样被其他生物四处播撒，开辟出新的天地！如此看来，生态系统中连一个小小的常春藤果实都是必不可缺的。所以说没有一种生物是这个世界所不需要的。

你说它既不是草也不是树？

知识搜索：1. 非草亦非树的竹子

2. “开花病”现象

是啊，什么意思呢？好像是说用树挡着潜入我方，又好像是说用草伪装。
紫苏娘子，既不是树又不是草的东西是什么呢？来说说你的意见。
呵呵呵，这简单啊。
说的就是竹子。
竹子不是树嘛！
竹子既不是树又不是草。敌人的信号应该指的就是竹子了。
嗯，听你这么说，还真是那样。
来人啊，跟我搜查敌人的潜入通道！
嗖
马上给我搜竹林。
Yes，sir！
啪
啪
啪
嘿嘿嘿，看来你们是没想到我会利用竹子的空心茎潜入啊。

竹子不属于树类的几个原因

竹子似树非树，似草非草，长得着实让人捉摸不清。茎干坚硬，高度较高，有的竹子高达二十余米。就此看来又怎么能说它不是树呢？不过也有一种主张表示，幼小的竹笋冒出后，生长一个月便已成熟，随后它因没有形成层而停止生长。也就是说它的体积不会再长大。即，它属于单子叶植物，同时因不会再加粗生长而没有树木年轮，所以属于草。结论就是：从生物学角度分析，因为它是单子叶植物，同时没有形成层，所以不是树，而是草。

竹子属于禾本科植物的最有力证据就是竹子花的外形或特征与稻花极为相像。根据种类的不同，竹子以60年乃至100年为一个开花周期。生存多年的竹子在开花后很快就会枯死，而且还是成片枯死。这种现象叫“开花病”。这就是竹子神秘的一生。

不过，只要是它还留有地下茎，那么便会重新长成一片竹林。竹子的茎从地下茎中冒出，长成竹笋。简单地说就是它虽枯死，但依旧在地下忙碌着。生命哪儿能那么简单地就结束了呢？这般顽强、有韧性的才叫作“生命”。

寿竹 | 学名：Phyllostachys bambusoides | 种类：禾本目禾本科，多年生草本

别名： 桂竹，长竹，竹子，苦竹

英文名称： timber bamboo

花： 6~7月，盛开极为少见的紫色花朵。

叶子： 叶互生。每茎节上长有两片叶子，每个树梢上长有5~6片叶子。叶子呈细长的锉刀状。

果实： 颖果。秋季成熟。

与竹子相像的植物——芦苇

芦苇的很多特性和竹子一样，茎干分节、内空。芦苇在江边或湖水边的湿地、沙地中成片生长。地下茎的茎节上长有很多黄色的须根。种子上长有斗笠状的软毛，所以可随风播种到远方。

通过植物学习常识

竹子的幼笋叫作竹笋。春天雨后，竹笋便会冒出来，遍布大地。有的竹笋一天能长高80厘米，因此，如果说雨后春笋，那就是形容某种事物迅速大量地出现。

鬼针草与跟踪狂的关系

知识搜索：1. 甩不掉的鬼针草

2. 鬼针草厚脸皮的种子

哎呀，这都是什么啊？连翘身上粘满了像虫子一样的东西啊。
哼哼哼，给我拔下来，拔下来。

小姨，这是什么植物啊？

我还以为什么呢，不就是鬼针草嘛。
鬼针草？

对，鬼针草果实的顶端带刺儿，所以它是一种很容易粘在其他物体上的草。

真是个令人讨厌的古怪家伙。
这有什么古怪的啊，植物也是会动脑筋的。
哎呀，好难弄啊。

这样紧紧地贴在别的物体上，不是可以毫不费劲地就完成播种了嘛。
听小姨这么一说，还真是这么回事！

走吧，连翘啊！我们还是叫上玛鲁一起，用梳子给它弄得更快些。
哼哼。

啊！老师，您去哪儿啊？我们又见面了，嘿嘿嘿。
嘻嘻嘻，对于小姨来说，玛鲁的小叔就是甩不掉的鬼针草啊！
呵，是跟踪狂。

免费坐车的厚脸皮种子

如果在植物图鉴中搜索鬼针草，那么紧挨着它的一定是狼把草。那是因为它们都是菊科植物。此外还有一个较大的特征就是它们的果头儿都带刺，很容易粘在其他物体上。拽这些粘在物体上的刺儿时，甚至还会发出吱啦吱啦的声音。它粘得太牢实，甚至都会让人想，这样会不会刮破衣服，就好像是衣服上粘了魔法贴。它的种子不仅粘在人身上，在禽兽的毛、鸟类的羽毛上会粘得更牢。其他动物应该是不知不觉地充当了狼把草和鬼针草的种子搬运工了吧？这些聪明绝顶的植物就是利用这种方式向远处传播自己的种子。

鬼针草在撂荒地上成片生长，因此被人们当作杂草对待。如果大家漫步在秋季的森林里，那么请大家寻找并仔细观察鬼针草。细长的果实顶端有3~4根像针一样锐利的毛须，这些毛须上粘着许多肉眼看不到的刺毛。大家想，这就如同叉子尖端有三四个分叉，然后这些分叉上又粘满了细针般的针尖儿。锐利的毛须一旦刺到衣服或动物毛，毛须上朝下的刺毛便会粘在衣服或动物的毛上，不易掉落。那可是粘在手掌的掌纹上都不会掉的刺毛啊。怎么样，很奇妙吧？利用10倍左右的放大镜或显微镜便可以看到成片生长在毛须上的刺毛。

鬼针草 | 学名：Bidens bipinnata | 种类：桔梗目菊科，一年生草本

别名： 粘人草

英文名称： spanish needles

花： 8~9月份，每个枝干上开出一朵黄色花朵。

叶子： 叶对生。叶子分裂成羽毛状。

果实： 瘦果。9~10月成熟。细长的果实顶端长有3~4根像刺一样的短毛，这些朝下生长的刺毛很容易粘在其他物体上。

粘人三剑客——狼把草

开黄花的狼把草一般生长在水田、旱地、小溪边。黑色的茎干长有长长的枝干，而且全身长满了毛儿。狼把草的种子带刺，与苍耳、鬼针草并称为容易粘在其他动物身上的“三剑客”。

通过植物学习常识

如今，人们在实际生活中模仿使用鬼针草、苍耳和狼把草果实的黏着原理。如，钓鱼钩、粘在墙上的魔法贴（又名粘钩）。鱼竿末端内侧像毛须一样的东西叫作鱼钩，这是一个鱼叼到便无法逃脱的小钩子。另外，请大家仔细观察魔法贴粗糙扎人的那一面的结构。它紧紧夹住柔软的纤维，不易掉落。

只要有丝瓜，便能成为大椎巷第一美女

知识搜索：1. 天然化妆品丝瓜

2. 洗碗刷与丝瓜果实的秘密

美人没有天生的。
把这些汁收集起来，抹在脸上当化妆水用，再好不过了。
啪啪啪
啪啪啪
哇，真的吗？

怎么我以前不知道呢？我们家也种丝瓜呢……
你们家也有？那你们家种它做什么啊？

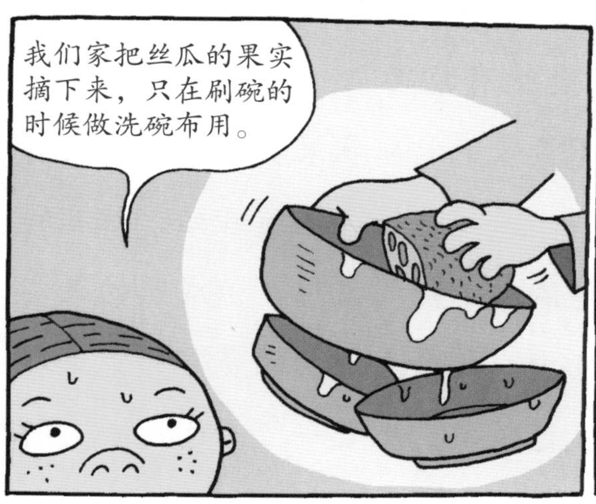
我们家把丝瓜的果实摘下来，只在刷碗的时候做洗碗布用。

嗯，看来掌握些知识，还可以灵活使用植物啊。
只做洗碗布用有些浪费了，那我把我的丝瓜汁分给你一些吧。

那从今天开始我们就是大椎巷第一美女！

开什么玩笑，你们这些小家伙！不帮忙干农活！
啊，小姨！

柔软的洗碗刷与丝瓜果实的秘密

丝瓜和葫芦、南瓜、香瓜、黄瓜一样，属于葫芦科植物。丝瓜的许多特征虽然和黄瓜的相同，但二者的果实用途却不同。如果说黄瓜和南瓜是为食用而栽培的葫芦科植物的话，那么丝瓜便是作为化妆品原料、洗碗布、工业材料等种植的。果实居然不只能吃，还可以作为洗碗布用，这是不是很有意思？

丝瓜也会在开花的位置长出朝下生长的长杆状果实。有的果实有成人胳膊那么长，也有的长达一米多。虽然从很久之前开始，丝瓜的幼果便因对痰和哮喘有益而被抽取汁液作为药材使用，但成熟的果实内部却会变成结实的纤维质。果实变大，但令人惊讶的是它的重量却会变得越来越轻。摘下熟透了的淡黄色果实，放置一段时间后，它的肉质便会腐烂、变软。泡在水里，分离果皮，除去种子，最后只剩下结实的网状纤维质。那就是人们一直以来都使用的天然洗碗布。

秋季，如果我们剪断丝瓜主干，便会看到汁液源源不断地外溢。把茎干顶端插入大酒瓶瓶口，过了一夜它的汁液便会装满整个瓶子。那是因为茎干虽然被剪断，但它的根还活着。

过去的女人们把这些汁液收集起来，涂抹在脸上。同样，如今的人们也把丝瓜萃取物作为化妆品原材料使用。又是食物，又是药，又是化妆品，植物们为我们奉献的东西还真是不少啊！

丝瓜

学名：Luffa cylindrica

种类：葫芦目葫芦科，一年生蔓草

别名： 丝黄瓜，胜瓜

英文名称： sponge gourd

花： 8~9月份，黄色雌花和雄花开在同一株上，花瓣分为5片。

叶子： 叶互生。手掌状叶子裂成5~7片。

果实： 浆果。10月，长出深绿色杆状果实，内含黑色种子。

与丝瓜相像的植物——黄瓜

黄瓜的茎干上有粗毛，茎干演变而成的卷须缠在其他物体上越长越长。夏季开始开黄花，一根茎上开出诸多雄花，而雌花个数较少。果实呈圆周形。果实小的时候上面带有刺一样的尖头，它们由黄变成深黄褐色后，果熟。黄瓜是一种重要的植物作物。

通过植物学习常识

黄瓜、南瓜、丝瓜的卷须帮助植物缠绕在其他物体上，这当属一种支撑植物身体的必要装置。但茎干的毛也很重要。毛朝下生长，这与蛇鳞的生长原理是一样的。蛇鳞长在身体后侧，因此蛇的身体绝对不会向后滑倒。这些植物的毛朝下生长，所以虽然我们用手向下捋植物茎干没事，但如果向上捋，则会被扎到手。

是谁把那么多的棉桃都吃了呢？

知识搜索：1. 棉花种子变衣服

2. 广泛应用的从棉花里抽线的技术

大人们是怕像我们这样肚子饿了的小孩把棉桃摘着吃了，所以才故意说谎的。
是吗？
那也是的，那不是别人家的棉花地嘛。
我都已经饿了4天了，管不了那么多了。你不去就算了。我自己去摘着吃。
小心点儿！
吧唧吧唧
真是甜啊。嘿嘿嘿！
你个小兔崽子，居然敢进我的园子偷东西！
啊，是主人爷爷！
狼狈！
抓到了，小兔崽子！
啊，对不起，爷爷。
唉！
爷爷，为什么只给紫苏棉背心儿？
你的棉背心儿不是进了你的肚子吗！
得把这个坏毛病给他戒掉
爷爷，真的好暖和啊，谢谢。

一颗棉花种子变成一件衣服的故事

棉花属于锦葵科一年生草本植物。前面我们已经学过了锦葵科植物木槿花。棉花的原产地被认为是印度。

棉花幼小的果实叫棉桃。棉桃一成熟，便会自然裂开，吐出柔软的棉花。过去的女人们把这些棉花摘下来放入篮子。把棉花种子剔除后，堆放好，用弓弹，然后再缠成线，这样就成了线团。把多缕线条放到织布机上，便能制作成布料。此外，她们还会把棉花直接塞到衣服或被子里面。

在这里又谈到了过去。我也曾在寒冷的冬日穿着单裤去上学。本应穿着塞满棉花的厚裤子，盖着厚棉被过冬，却因棉花匮乏而无法如愿。那时，大家的衣食住都还靠自给自足的方式解决，是没有暖气、缝纫机、天然气的。

棉花 学名：Gossypium indicum 种类：锦葵目锦葵科，一年生草本

花： 8~9月，开花，花为淡黄色。5片花瓣卷成一个螺旋状。晚上花谢，变成紫色。

叶子： 叶互生。手掌状的叶子裂成3~5片。

果实： 蒴果。9~10月成熟。果实分为3~4间，每间里有鸡蛋状的种子。粘在种子上的棉毛可做成棉花。

与棉花相像的花——冬葵

冬葵叶子呈手掌状，分裂成5~7瓣；白色或淡粉色花朵在夏秋季开放。用冬季嫩芽和叶子熬的冬葵味道香美，甚至都有“关上门吃冬葵”的说法。冬葵的蛋白质和钙含量比菠菜还要高。冬葵的种子被称为冬葵籽，也被人们沏茶饮用。

通过植物学习常识

和棉花的传入一样重要的是从棉花里抽线的技术。摘下棉花，取出棉花里的种子的工具叫轧棉机，抽出长线的工具叫纺车。纺车发明后，人们开始穿棉花做成的棉衣。

拐杖居然是用草做的！

知识搜索：1. 被视为杂草的藜

2. 青藜杖的传说

爷爷，我给您买了一根塑料拐杖。您先忍一忍。
这是什么拐杖啊，居然和塑料的那种便宜货比较！
大发雷霆
老人活动中心送的藜拐杖，还能到哪儿去找一根呢？
当痒痒挠用吧。
嗯？那个不是树木，而是草？
被人当作杂草而被无视的草。这个就是用长高了的藜做的，没有这个拐杖怎么能行。
好嘞，从今天开始，我就为了爷爷找藜。一个给爷爷做拐杖，另一个……嘿嘿嘿嘿！
你这个样子是又想用它做什么？
呀呀呀！
啪
还真轻便，这真是最好不过的东西了。
啊啊啊！我们快逃！
啪
啪

比孙子还好的藜

那是去年的事了。我家前排住着一位年长于我的老人。有一天，他送给了我一根木棍儿。这是我出世以来收到的第一根木棍儿。曾有一个谜语说：“小时候用四条腿，长大了用两条腿，老了用三条腿。谜底就是‘人’。”这是说人老了，所以要拄着木棍儿走路，而这木棍儿是比孙子还好的东西。老人送给我的那根木棍儿既轻又结实，于是我问道：“这是什么树啊？”老人道：“权教授，您不是生物专业的嘛。这个不是树，是草。它叫藜。”听了老人的话，我不禁大吃一惊。天啊，藜居然可以长这么粗！这真是让我感激不已。

藜长成后比人还高，而且它的茎直径长达3厘米。这样看来，它的根部得有多发达啊？一般来说，地上的茎与地下的根大小是成正比的。如果有一棵高大的松树，那么它的根部蔓延生长程度就与我们看到的整棵松树差不多。一根草如果也能长在一个适合它的地方，当然是好的，但藜却因为是长在旱地或撂荒地里的杂草，而被农民们拔个不停。农民们甚至因此而累得直不起腰。

藜是生命力极强的草类植物，也是与被我们当菜吃的莙荙菜、菠菜，以及生长在海边或盐田附近盐分较高的土壤里的盐生植物——盐角草、漆面草、海滨碱蓬很像的植物。

藜 | 学名：Chenopodium album | 种类：中央种子目藜科，一年生草本

别名： 落藜、灰藜、胭脂菜

花： 6~8月，开花，花为黄绿色。没有花瓣；花萼分为5个。

叶子： 叶互生。接近菱形的鸡蛋状叶子边缘处有锯齿。

果实： 胞果（口袋状聚拢的果实）。8~9月成熟，呈黑色。

藜科的另一种植物——扫帚苗

扫帚苗是以前扎笤帚时使用的一年生草本，它的茎有1米左右，挺直生长，所以即使是没有枝杈也能长成一个圆形。7~8月份，枝杈尖端长出淡绿色花朵；秋季，茎干变成红色。此外，它还被作为观赏类植物种在路边或岸边。大部分藜科植物的花都不显眼。之所以这样，那是因为它们的花不仅小，而且颜色大多都是淡绿色。

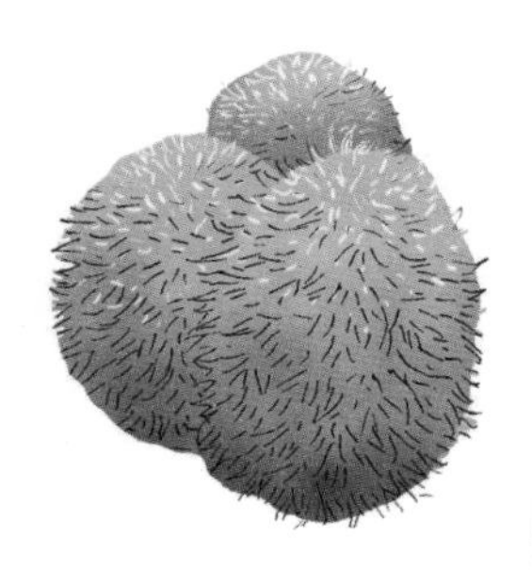

通过植物学习常识

用藜做的拐杖叫青藜杖。秋季，拽下成熟的藜的茎干侧枝，水煮后去皮晒干，最后打磨成拐杖。根部弯曲的部分成为拐杖的执手，而侧枝被剪断的位置带有自然的弯曲和凸凹，因此这可谓是世上最好的天然拐杖。

有仙人掌的地方就有生命

知识搜索：1. 神秘的沙漠仙人掌

2. 种类繁多的多肉植物

嘿嘿嘿，
别担心。只要等
到晚上就行了！
晚上？
抓住了！
吱吱
哇，真的
有蝙蝠飞
来啊！

仙人掌是由蝙蝠这种
夜行动物或者鸟类
来进行花授粉的。
啊哈！
因为白天
天气太热？

它们就是觊觎花里面
的花蜜才来的嘛。仙人
掌也可以说是它们在沙
漠里的救命稻草。
耶，我的
晚餐搞定！

那我吃什么啊？
咕噜噜

我是草食动物，
可因为仙人掌有
刺儿，所以又不
能对它怎么样！
啊，对啊！它为了
适应沙漠环境而长出来
的刺儿对于像你这样吃
草的动物来说，就变成
障碍了啊。
我又对
不住你了，
山羊。

沙漠中生存的仙人掌的秘密

仙人掌本是生长在热带沙漠地区的植物，所以即使水分再少也不会枯死，但它却极怕冷。据悉，现在生长在世界沙漠地区的仙人掌有两千余种。在炎日照射的沙漠里，原来也会有生命啊。

大部分仙人掌没有叶子，而是用像针一样的刺代替。如果它在太阳暴晒的沙漠里长着宽大的叶子，那么水分便会通过叶子全部流失，最终导致整株枯死。所以从生存角度出发，仙人掌的叶子就变成了刺。与此同时，这些刺还可以抵御其他动物的啃食。

连叶子都没有，那仙人掌是怎么进行光合作用的呢？虽然各类仙人掌的叶子都已退化，但水分充足的茎中却含有叶绿体。于是仙人掌就在那里进行光合作用。正因如此，茎干才呈深绿色。所有的沙漠植物为了汲取匮乏的水资源，都拥有伸展得很长的根部。刺代替叶子或是根部向长延伸，这都属于植物根据自身的生存环境而改变形态或构造的一种神奇的适应现象。

仙人掌中，圆球形居多。球状的外形代表它拥有容积最大但面积最小的构造。体内储存大量水分，但由于表面积不大，所以水分流失较少。这些植物是怎么就演变成这种理想结构的呢？真是天下第一神通啊。

仙人掌 | 学名：Opuntia ficus-indica | 种类：仙人掌目仙人掌科，多年生草本

别名： 仙巴掌

英文名称： cactus

花： 夏季7~8月份，茎干上盛开黄色花朵。仙人掌颜色和外形随种类的不同而变化。

叶子： 叶子变成了尖刺。

果实： 浆果。9~10月，开花的位置长出形似西洋梨的果实。

含有大量水分的多肉植物

多居家种植的虎尾兰、长寿花、百合科芦荟等植物的茎干或叶子里含有大量的水分，因此它们的叶子比其他植物更显丰满。我们把这些植物统称为多肉植物。虽然仙人掌也一样，但由于它的种类过于繁多，所以我们把它单独分成一类。室内种植时，如浇水过量，就会导致多肉植物根部腐烂。

通过植物学习常识

仙人掌的字面意思就是“神仙的手掌”。仙人掌种类繁多，其中包括长的、宽的、像球一样的圆形的等很多种。然而我们可以看出仙人掌这个名字是根据茎干宽大的仙人掌的特征定义的。与其他植物相比，各类仙人掌的茎干上长有更多的呼吸孔。仙人掌虽然通过呼吸孔蒸发水分，但同样也会通过呼吸孔吸收大量二氧化碳，进行光合作用。

被撕破的雨伞
和地钱好像啊

知识搜索：1. 地钱的雌雄之分

2. 苔藓植物的“迁移”

你的伞完全变成苔藓地钱的雌株了啊！
地钱？还有那样的苔藓？

还有，苔藓也有雄雌？

草鞋都是成双入对的，苔藓就没有了？

这么说的话，那小姨你是连苔藓都不如喽？
紫苏，你怎么能说那样的话？

呼
呼
呼
呼
又起风了！
啪
啪
啪
啪
这该死的风！

风怎么就对我这样呢？
真狼狈啊。
哼！

真痛快啊。这次变成地钱的雄株了啊。
今天我的面子都丢尽了。
紫苏，来和我用一把伞啊？

地钱也有雌雄之分

地钱属于苔纲，换句话说就是苔藓植物。它和蕨类植物一样，是用孢子代替花繁殖的隐花植物。蕨菜植物有维管束，但苔藓植物没有，所以它属于更低一级的植物。它利用叶绿体进行光合作用，守护自己的一席之地。

地钱在苔藓植物中也属于那种不分根、茎、叶的苔纲植物。即，它由形似大叶子的叶状体和不完全属于根的假根构成。这种根无法吸收水分和养分，只负责支撑身体，所以叫假根。地钱的吸收工作完全在叶状体中进行。因为没有维管束，所以地钱为了汲取更多的水分，只能选择湿气较重的地方。叶状体表面有很多小孔，它们就是吸收空气的呼吸孔。苔藓也会呼吸，看来世上没有不呼吸的生物啊。

有趣的是地钱也有雌雄。雄株生长在叶状体上，呈撕破的雨伞状；雌株边缘处稍稍向里凹陷，就像一个圆形盘子。按照雨伞的模样来看，雌株就像是翻过来的雨伞。

地钱 | **学名：Marchantia polymorpha** | **种类：地钱目地钱科，苔藓植物**

生长地：背阴且湿气较重的地方

花：属于不开花的隐花植物。

叶子：属于叶、茎、根不分明的叶状体，宽度为7~20毫米。上面为六角形，呈深绿色。

孢子：雄株上长有孢子囊，孢子在此生成并繁殖。叶状体上也会长出酒杯状的无性芽。

苔纲的另一种植物——睫毛苔

睫毛苔也喜爱阴湿环境，且成片生长。睫毛苔直立生长，高5~20厘米，外形就像长在松树茎干上的松叶。它的根、茎、叶虽然相互区分，但彼此界限不分明。根部为细线状的白色。睫毛苔无枝杈，叶子边缘位置有锯齿。它也属于雌雄异株植物，雄株茎干顶端长有口袋状的孢子囊。

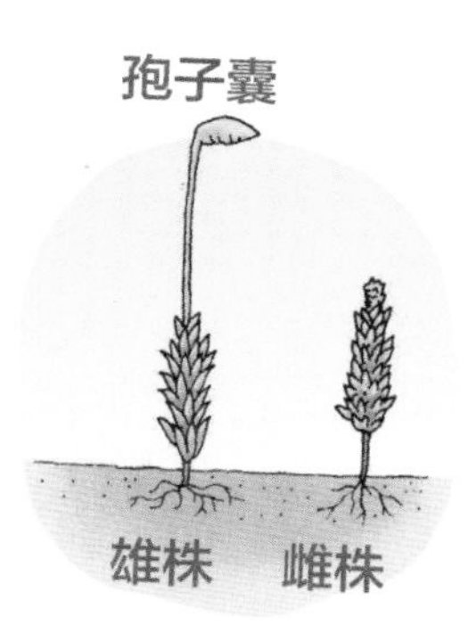

通过植物学习常识

苔藓植物对环境污染极为敏感，但它也是生命力极为旺盛的植物。所以，它们生长的地方便可以认为是人类也可以生存的地方。各类植物依次进入无人生存的荒地，形成一片森林的过程叫作迁移。其中，最先进入荒地的是绿藻类和菌类的复合体——地衣类，之后进入的就是苔藓植物，再然后草、树木依次进入。植物便是按照这样的顺序迁移的。